U0268070

左耳朵耗子作品

左耳听风

传奇程序员练级攻略

陈皓 ◎ 著

電子工業出版社
Publishing House of Electronics Industry
北京•BEIJING

未经许可，不得以任何方式复制或抄袭本书之部分或全部内容。
版权所有，侵权必究。

图书在版编目（CIP）数据

左耳听风：传奇程序员练级攻略 / 陈皓著. —北京：电子工业出版社，2024.1
ISBN 978-7-121-46680-9

Ⅰ. ①左… Ⅱ. ①陈… Ⅲ. ①计算机技术 Ⅳ.①TP3

中国国家版本馆 CIP 数据核字（2023）第 220587 号

责任编辑：张春雨
印　　刷：北京瑞禾彩色印刷有限公司
装　　订：北京瑞禾彩色印刷有限公司
出版发行：电子工业出版社
　　　　　北京市海淀区万寿路 173 信箱　　邮编：100036
开　　本：880×1230　1/32　印张：9.375　字数：258 千字
版　　次：2024 年 1 月第 1 版
印　　次：2024 年 3 月第 3 次印刷
定　　价：88.00 元

凡所购买电子工业出版社图书有缺损问题，请向购买书店调换。若书店售缺，请与本社发行部联系，联系及邮购电话：（010）88254888，88258888。

质量投诉请发邮件至 zlts@phei.com.cn，盗版侵权举报请发邮件至 dbqq@phei.com.cn。

本书咨询联系方式：faq@phei.com.cn。

推荐序一

耗子哥（陈皓比我年长几岁，我一直叫他耗子哥）离开这个世界已半年有余，每当我学习他的专栏（“极客时间”上的《左耳听风》），看到他的书，过去和他交往的点点滴滴就会涌上心头。某日，看到一篇他评论 ChatGPT 的文章，我写下了一句想请教他的话：“站在 AIGC 的十字路口，我们该往哪儿走？”在我的印象中，耗子哥就是一个在你遇到问题时，总想找他探讨一番的有专家范儿的朋友，真诚、专业、爱思考是我给他的三个标签。

我和耗子哥是怎么认识的呢？那时候，InfoQ 中文站还未启动，我在《程序员》杂志做技术编辑相关的工作，要采访很多专家。周围的同事就跟我说陈皓很厉害，可以和他多聊聊。可能是机缘未到，直到我离开《程序员》杂志，也没有和他交流过。2007 年，我和 InfoQ 合作，开始在中国做 InfoQ 中文版的技术社区，随后把 QCon 全球软件开发大会也引入了进来，这才有机会找耗子哥合作。

当时沟通的具体细节在脑海里已经模糊了，但是我还记得当耗子哥回复说可以来 QCon 大会做分享时，我们团队中的每个人都十分兴奋。由于他在技术圈的强大影响力，以及他本人真诚、敢说话的个人魅力，他做的每次分享都特别受欢迎。有的会议场次我们总担心人少，但耗子哥的场次，我们反而担心人太多从而导致听众体验不好。即便如此，还是有很多人坐在地上、站在过道听他演讲。一次沙龙活动的主题是“谈技术人生”，很多参会者用过餐后马上回到现场，就是为了和他交流。

当然，因为真诚、敢说话，或者说有个性，耗子哥也曾受到一些人的质疑。曾经和他聊天时，我发现我们之间有不少共同语言，我对耗子哥的理解，正如耗子哥自己在书中所说的——“我不是为了输赢，我就是认真”“做正确的事，等着被开除”“我想走一条属于自己的路，做真正的自己”……这世界并非那么美好，如果我们还用凑合的态度对待生活，那该多没劲啊。

至于我给耗子哥贴的“专业”这个标签，更多指的是他的专业能力。我不是技术专家，虽然我并不能很好地评判耗子哥的技术水平有多高，但是耗子哥给我的很多客户提供过服务，从客户的反馈中，我知道大家对耗子哥是认可的。有两次客户合作让我对耗子哥的专业能力产生了比较深刻的印象。在某次客户合作中，有一位证券客户点名要和耗子哥合作，尽管服务的价格比其他人高，但客户却坦言价格不是影响他选择的关键，专业能力才是。在另外一次客户合作中，一位国际云计算厂商的社区负责人来中国访问，InfoQ 组织了一场研讨会，会上耗子哥分享了他对中文技术社区的理解，以及中文技术社区应当如何在中国服务客户的思路，社区负责人听了以后，对他的想法大加赞赏。

也正是因为耗子哥的专业，后来他自己创立了 MegaEase 公司，专门提供解决客户在使用云的过程中遇到的技术难题的服务，还获得了华创资本、奇绩创坛、翊翎资本等知名投资机构的认可。由于我们都是创业者，碰面的时候可以聊的话题就更多了。2017 年，我们决心要做“极客时间”这个学习平台的时候，耗子哥虽然也忙着创业，但还是答应合作写《左耳听风》专栏，最终有十几万人订阅该专栏。耗子哥答应写专栏，这更是一个创业者对另一个创业者的支持。

感谢电子工业出版社编辑、我的好朋友张春雨的努力，耗子哥的书终于要出版了。这本书是对耗子哥最好的纪念，但更重要的是，希望这本书能够激发更多朋友对技术的热情，帮助想在这条路上继续前行的技术人少走一些弯路。如果有一些人因为这本书而更加坚定地走技术道路，我想耗子哥在另外一个世界也一定是欣慰的。

当今，大模型技术在持续迭代，而且迭代的速度很快，数字人技术也越来越成熟，那么有没有可能“极客时间”上的《左耳听风》专栏有一天能以另一种面貌持续地更新下去呢？耗子哥在 InfoQ、“极客时间”等多个平台留下了很多文字和视频资料，也许未来我们可以做一个耗子哥的数字分身，创造视频版的《左耳听风》专栏和《程序员练级攻略》专栏，让大家能够和这个数字版的耗子哥做交流，从而保持专栏的鲜活性。这是一个美好的愿望，希望未来能和有心人一起实现它。

“芝兰生于幽谷，不以无人而不芳”，这是耗子哥的座右铭，想到这句话，我又想他了。

极客邦科技创始人 & CEO 霍太稳

推荐序二

我跟陈皓虽然聊过很多次，但只是微信好友，从未见过面。许多人写文章缅怀他，文章中用到了“骨灰级程序员”“技术大牛”这样的标签，表达了人们的惋惜，但还难以解释，为什么他的离世会引发互联网上的集体怀念。

所以，我更愿意从自己的情感出发来描述他——他是一个“有纯粹、质朴的技术追求，兼具趣味、操守、胸怀”的技术人，恰恰是因为这样的人在当下的年代太稀少，而这些品质又让众多人欣赏和有所启发，大家才会如此地怀念他。

当下的年代，做技术（指计算机技术）的人很多，愿意分享的人也不在少数，其中不少人还可以算世俗意义上的“成功者”。但是，若仔细去看他们的分享，总感觉表达中不够真诚。很多分享者故作高深，分享的目的也就没有那么纯粹了。比如，你若提一些很基础的问题，迎接你的就会是“你怎么连这个知识点都不知道？”或者“在谈这个问题之前，你还是先去看几本书吧”。这些话让无数的初学者“打了退堂鼓”。

陈皓的分享却有所不同。我已经不止一次地听人提起，他的分享——更准确地说，是“创作”——质量很高，而且总能做到“深入浅出”。哪怕是技术“小白”，看完也能有所收获，而且，有兴趣的人，还可以跟着文末链接，顺藤摸瓜，进入一个更广阔的技术世界。

这让我想起某一位记者说的："记者写文章的最高境界，就是不表达自己的观点，因为记者的观点应当来自他的素材。只要把这些素材摆出来，读者读完报道，观点就自然形成了。要做到这一点，需要对素材有足够的信心和把握，外加真诚和坦荡。"能做到这一点的记者着实不多。技术讨论和新闻报道有相似性，往往容易"擦枪走火"，稍不注意就偏离了事实。陈皓虽然不是记者，他写的技术文章却总能引发读者讨论，可见他逻辑清晰，运用素材的功力深厚，更重要的是，他能真诚、坦荡地"摆出素材"，让读者自行判断。

如果说"纯粹、质朴的技术追求"如今十分稀罕，那么相比之下，"趣味、操守和胸怀"就更为稀罕。

所谓趣味，我认为是对某种活动或者某一知识体系具备一定的品位，而且拥有从中持续获取愉悦感的能力。恰恰是因为有了技术趣味，技术才不再是一门枯燥乏味的谋生手段，人们才愿意谈论许多问题，也才能谈得出味道。

陈皓的文章往往旁征博引，从某个具体的技术原理出发，他谈了许多类似的问题，评价了许多类似的解决方案，这些内容既拓宽了读者的思维，也吸引了更多领域的读者。没有趣味，是断然做不到这一点的。

如果有专业追求、有趣味，人自然就会形成自己的一套价值观。如果自己认定的对错与某个权威认定的不同，有的人绝不会全盘接受权威的观点，更不会唱赞歌，这便是操守所在。

人不能轻信权威，即便是科学家这样权威的群体。大概许多人都知道"科学证明水变油"的闹剧，也听说过"李森科事件"，在这两场"闹剧"中，一些替"权威"背书的所谓"科学家"，无论在世时头衔多么耀眼，给后人留下的印象都与"操守"这一品质无缘。

IT 行业也是如此。如今，这个行业有太多锣鼓喧天的闹剧，太多巧言令色的嘴脸，太多似是而非的说辞。在我看来，大概是利益让行业缺乏有操守的表达。

陈皓的写作，恰恰是“有操守”的典型。这些文章告诉读者，应当拨开利益的迷雾，单纯从技术上分析某类问题，进而得出结论。

利益多变，技术恒常。有操守者，取恒常之技术，舍多变之利益，因为多变的利益往往只能让一小部分人受益，而恒常的技术往往可以造福众多从业者。如今有那么多人怀念陈皓，大概是为了感激陈皓曾给自己帮助和指引。

当然，在网络上陈皓是出了名的“较真”“好辩论”，但是你仔细去看他和别人的争论和辩论，你就会发现，他几乎总是能把技术判断和价值判断分离开。在涉及技术的问题上，他可以字斟句酌，不放过任何一个细节，而在涉及价值的问题上，你极少看到他用激烈的言辞去攻击、贬损其他人，至于网上常见的人身攻击，我从来没有在他的发言里看到过。

这样的品质，我称之为“胸怀”。

一个有纯粹、质朴的技术追求，兼具趣味、操守、胸怀的技术人，在这个时代当然是稀缺的。所以，有人介绍我跟他认识时，我们迅速地就熟识了。

除了技术，我也曾跟他细聊过一些非技术话题。一次，他谈起某段经历，我理解他的感受，也赞成他的选择。做技术的人应当有自己的操守，如果明知某个方案在技术上不可行，却不得不违背自己的专业判断，像演员一样使出浑身解数去“表演”、唱赞歌。那么这样的工作，不做也罢。人的年纪越大，越知道违背自己的良心是痛苦的，而顺应自己的良心是愉悦的。哪怕违背自己的良心能换来金钱，那也是令人不安的金钱，并不能带来幸福感。

他的技术造诣远高于我，也在多年里持续写下无数篇高质量的技术文章。但我们在面对同一件事情时的直觉反应和最终决定，往往不谋而合。

任何想真诚对待技术的人，都有一个现成的榜样，我们可以不断读他的文字、回味他的思考。这个人，就是我心目中真正的“技术人”——陈皓。

公众号“余晟以为”作者

目录

01 我的三观 / 1

面对世界 / 2

面对社会 / 3

面对人生 / 4

价值取向 / 6

02 我对技术的态度 / 10

对日新月异的技术该持什么态度 / 10

计算机科学教育的侧重点 / 13

软件开发是否越来越难 / 14

“35+”的程序员如何面对技术 / 15

工作经历决定技术思维 / 18

享受技术带来的快乐 / 19

03 中年危机 / 21

左耳朵耗子出道 / 21

博客与专栏 / 21

我的中年危机 / 22

用创业对抗危机 / 24

理性看待中年危机 / 26

04 做正确的事，等着被“开除” / 27

正确的事 / 27

自顶向下的局限性 / 29

严肃对待个人成长 / 32

真正的绩效 / 33

如何避免长期妥协 / 33

不被认可怎么办 / 34

“强制分布”的绩效考核 / 35

能力欠缺的员工 / 36

绩效不能考评人 / 36

05 有竞争力的程序员 / 38

五步思考法 / 38

变得更好的窍门 / 40

提升个人竞争力的“最佳实践” / 43

四步实现竞争力跃迁 / 45

06 成长中的问题 / 49

选广度还是深度 / 49

如何保证工程进度 / 50

如何良性地工作 / 50

如何跟上技术迭代 / 51

技术人的创业赛道 / 52

算法面试之弊 / 53

做技术工作的基本修养 / 55

如何选择技术 / 56

ChatGPT 的峥嵘未来 / 58

07 程序员修炼之道 / 61

准程序员应该知道的 / 61

有一个程序员的样子 / 62

绕不开的硬核技术 / 64

编程知识图谱 / 67

程序员升级“里程碑” / 70

程序员职业发展目标之一：职场 / 71

程序员职业发展目标之二：经历 / 74

程序员职业发展目标之三：自由 / 75

08 高效学习 / 77

学习是一门学问 / 77

学习的终极目的 / 80

高效学习的八种方法 / 83

09 高效沟通 / 90

沟通的原理与 Bug / 90

克服六种常见沟通障碍 / 93

简单有效的沟通方式 / 97

无往不利的沟通技巧 / 98

10 编程的本质 / 101

编程领域的基础知识 / 101

编程语言 / 103

从两篇论文谈起 / 109

理解编程的本质 / 111

11 优质代码 / 119

整洁代码四原则 / 119

五种不当代码注释 / 121

优质代码的十诫 / 127

更优的函数式编程 / 130

如何写好函数式代码 / 131

12 编程范式 / 139

从 C 语言到 C++语言的泛型编程 / 139

再议函数式编程 / 142

面向对象编程 / 144

基于原型的编程 / 146

逻辑编程 / 148

程序世界里的编程范式 / 149

13 软件开发与架构设计的原则 / 153

软件开发的不重复原则 / 153

软件开发的大道至简原则 / 153

软件开发的面向接口而非实现原则 / 154

软件开发的命令查询分离原则 / 154

软件开发的按需设计原则 / 154

软件开发的迪米特法则 / 155

软件开发的面向对象 SOLID 原则 / 156

软件开发的共同封闭原则 / 158

软件开发的共同重用原则 / 159

软件开发的“好莱坞”原则 / 159

软件开发的高内聚低耦合原则 / 160

软件开发的约定优于配置原则 / 160

软件开发的关注点分离原则 / 160

软件开发的契约式设计原则 / 161

软件开发的无环依赖原则 / 162

系统架构原则 1：关注收益而不是技术 / 163

系统架构原则 2：以服务和 API 为视角 / 164

系统架构原则 3：选择主流和成熟的技术 / 164

系统架构原则 4：完备性比性能重要 / 166

系统架构原则 5：制定并遵循标准规范 / 166

系统架构原则 6：重视可扩展性和可维护性 / 168

系统架构原则 7：对控制逻辑全面收口 / 168

系统架构原则 8：不要迁就技术债务 / 169

系统架构原则 9：不要依赖经验 / 170

系统架构原则 10：提防与应对“X–Y”问题 / 171

系统架构原则 11：对新技术激进胜于保守 / 171

14 分布式架构 / 173

分布式系统的架构演进 / 173

核心使命与关键技术 / 177

分布式系统的纲 / 181

分布式系统典范：PaaS 平台 / 185

回顾分布式架构 / 188

15 时间管理 / 191

我的时间管理启蒙 / 191

主动管理 / 192

学会说“不” / 193

加班和开会 / 195

时间的价值投资 / 196

规划自己的时间 / 197

排除干扰项 / 199

养成好习惯 / 199

16 研发效率 / 201

效率的计算 / 201

“锁式”软件开发 / 203

“接力棒式”软件开发 / 204

“保姆式”软件开发 / 205

“看门狗式”软件开发 / 207

“故障驱动式”软件开发 / 207

需求与效率：“T 恤”估算法 / 208

加班思维 / 209

17 技术领导力 / 212

技术重要吗 / 212

什么是技术领导力 / 213

如何拥有技术领导力 / 215

吃透基础技术 / 216

提高学习能力 / 220

坚持做正确的事 / 221

高标准要求自己 / 221

18 管理方式 / 223

小商品工厂与电影工作组 / 223

行之有效的敏捷方法 / 225

影响软件质量的潜在因素 / 227

细说分工 / 229

19 绩效考核 / 232

绩效考核的局限性 / 232

OKR 与 KPI / 233

绩效沟通解惑 / 235

正确看待绩效 / 236

我的“绩效” / 237

20 关于招聘 / 238

分清四个考察方向 / 238

讨厌的算法题和智力题 / 240

实战模拟 / 241

把应聘者当成同事 / 242

向应聘者学习 / 243

面向综合素质的面试 / 244

实习生招聘 / 245

面试题解析 / 246

21 工程师文化 / 248

为什么要倡导工程师文化 / 248

工程师文化的特征 / 249

工程师文化如何落地 / 253

22 远程工作 / 254

宏观管理 / 254

微观管理 / 256

远程工作协议 / 258

附录 A 工匠精神 / 262

技术人的执着 / 263

回望初衷 / 265

发现更好的自己 / 265

细节是魔鬼 / 266

培养工匠精神 / 267

高质量分享 / 268

附录 B 创业者陈皓 / 271

速览其人 / 271

闯荡互联网 / 272

乐在创业中 / 274

践行远程办公 / 277

花开云原生 / 277

守望国产基础软件 / 279

01

我的三观

也许是因为我已经四十多岁了，才敢提出这样宏大的命题。但我想记录我的想法，将其作为我思考的一个快照，供未来的我参考。也许未来的我会证明现在的我错了，也许错的是未来的我。不管怎样，这对我自己来说都是有意义的。

三观是指世界观、人生观和价值观：

- 世界观代表你如何看待这个世界。是激进还是保守，是理想主义还是现实主义，是乐观还是悲观……
- 人生观代表你想成为什么样的人。是想成为有钱人，还是人生的体验者？是想成为老师，还是行业专家？是想成为有思想的人，还是有创造力的人？……
- 价值观则代表你认为什么对你来说更重要。是名誉还是利益，是过程还是结果，是付出还是索取，是国家还是自己，是家庭还是职业……

人的三观其实是会变的。回顾过去，我的三观至少在以下几个阶段发生了明显变化：学生时代、刚走上社会、三十岁后，以及年过不惑。

学生时代，我的三观更多来自学校灌输的各种标准答案。

走上社会后，我发现现实完全是另一回事。但学生时代树立的三观已经根深蒂固，于是我的内心开始挣扎。

三十岁后，不如意的事越来越多，我对社会的了解也越来越深。有些人屈从现实，有些人不肯服输，而有些人开始用才能影响社会。这时，分裂的三观开始收敛，我选择继续奋斗。

四十岁时，经历过的事情更多，我深知时间实在有限。世界太复杂，而我还有很多事要做。于是，我变得与世无争，也变得更为自我。

面对世界

年轻时，我抵制过日货，也当过“愤青”。后来，我有了各种长时间出国生活和工作的机会，去过加拿大、英国、美国、日本等国家。眼界的开阔让我的观念发生了很大的变化——有些事情并不是我一开始所认识的那样，甚至截然相反。自那以后，我深深感受到，要形成一个正确的世界观，需要亲身去体验这个世界，而不是听别人说。因此，当我再看到身边的人情绪激动地要抵制某个地域时，我总会建议他们去那里待上一段时间，亲自感受一下。

而且，要抵制的东西越多，人就会越狭隘。抵制并不会让自己变得更强大，想让别人看得起，就应该集中时间和精力，努力学习、追求卓越，做得比别人更好。我只是一个能力有限的普通老百姓，只想在我的专业上有所精进，力所能及地帮助身边的人的同时，能过上简单、纯粹、安静、友善的生活。

另外，我也不太理解为什么国与国之间硬要分高下、争输赢。在全球化的世界里，很多产品早就你中有我、我中有你。举个例子，一部手机可能包含来自数十个国家的元件，我们已经说不清楚手机究竟是哪个国家生产的。既然合作才能共赢，为什么不能认准自己的位置，拥抱世界、学习先进、互惠互利呢？可能有时候别人不容我们发展。但是，就我所在的互联网行业而言，开放性越来越好，开源项目空前繁荣，共享文化蔚然成风。我国诸多行业享受过太多互联网行业开源项目带来的红利，否则可能还在很多领域落后数十年。

最近几年，世界局势日趋复杂，我也愈发认识到自己的渺小。我并非不关心许多大事，而是这个世界自有其运作的规律，不由个人意志所决定。所谓关心，如果只是喊喊口号，或与人争论一番，试图改变他人的想法，则并无任何实质性帮助，我们自己也并不会过得更好。

国与国之间，人与人之间，最重要的是有礼有节、不卑不亢，对待外国人也应如此。整体而言，我并不认为中国比外国差，但中国还在成长，需要外部力量的帮助。事实上，任何两个国家的老百姓之间都不存在太多矛盾，都可以在友善和包容的氛围下交流、协作。

我现在更关心与自己的生活相关的事情：上网、教育、医疗、食品、治安、税务、旅游、收入、物价、个人权益、个人隐私等。这些事情对我的影响更大，也更值得关注。可以看到，在过去的几十年里，我们国家已经有了长足的进步，在很多方面已经不再输给其他国家，这一点让我感到开心和自豪。但是，未来总是充满变数，我还要继续努力，让自己有更多的选择。有选择总比没有选择要好，尤其在面对无法改变和影响的事情时，只能尽量让自己有更多选择。

面对社会

在网上与他人就某些事情或观点进行讨论变得越来越无聊。以前被反驳了，我一定要反驳回去，但现在我不再这么做了。这是因为网络上的讨论往往缺乏章法、逻辑混乱，存在下面这些不良现象，索性不如视而不见。

- “扣帽子”：某些人的目的不是讨论，而是急于给对方定罪。
- 非黑即白：只要说过某个东西不是黑的，就会被他人归到白色的阵营中去。

- 跑题：牵强附会，混淆视听，有的人在讨论中会引入不相关的内容，使问题复杂化。
- “杠精”：有的人在讨论中不关心整体观点，只会抓住细节问题大做文章。

很明显，与其花时间教育这些人，不如花时间提升自己，让自己变得更优秀。这样才有更多的机会去接触更聪明、更成功、思想层次更高的人，做更有价值的事情。

美国总统富兰克林·罗斯福的妻子埃莉诺·罗斯福（Eleanor Roosevelt）说过一句话：“伟人论道，凡人论事，小心眼议论人。”（Great minds discuss ideas, Average minds discuss events, Small minds discuss people.）

把时间多放在好的想法上，对自己和社会都有积极意义。把时间放在八卦和说长道短上，不会让你成长，也不会提升你的影响力。你的影响力来自别人的信赖，以及他人对得到你的帮助这件事的期望。多交一些有想法的朋友，多把自己的想法付诸实践，即使没有成功，人生也更有意义。

建议大家找一件能引发自己思考的事情，想一想它还有什么可以改善的地方，有什么方法可以把它做得更好，它的哪些方面是自己可以添砖加瓦的。只要你坚持这么做，就会提升得更快，对社会的价值和影响力也会越来越大。

面对人生

现在的我不站在任何一方，只站在我自己这边，因为能让自己过得好是一件了不起的事情。

电影《教父》提到这样的人生道路：第一步是努力实现自我价值，

第二步是全力照顾好家人，第三步是尽可能帮助善良的人，第四步是为族群发声，第五步是为国家争荣誉。这也是中国人“修身齐家治国平天下”的道理，而随意颠倒次序的人一般不值得信任。因此，在准备“平天下”的时候，我们必须先确认自己的生活过得好不好，自己是否照顾好了家人，自己身边是否有可以改善的事情……

什么样的人干什么样的事，在什么样的阶段做什么样的选择。有时候选择比努力更重要，我深以为然。而且，选择和决定也比努力更难。努力是认准了一件事就不停地发力，而决定是要认准哪件事值得自己坚持发力，在彷徨和焦虑的选择过程中半途而废的人很多。我们每天都在做一个一个的决定和选择，有的大、有的小，每个人的人生轨迹都是被这一个一个的决定和选择所描画出来的。

我在 24 岁时放弃了一份银行的工作，去了一家小公司。人生的选择就像玩跷跷板，选择了一头，就意味着放弃了另一头，而放弃则意味着风险。虽然选择是有代价的，但是不选择的代价更大。当你老了回头看时，会发现很多事情当年不敢做，而现在已经没有机会了。这时你才能感受到不选择的代价有多大。这个世界上没有完美的人生路径，只要你想做事，有雄心壮志，你的人生就会有一个一个的坑，你能做的就是在自己喜欢的方向上跳坑。

因此，你需要清楚自己想要什么、不想要什么，而且不能有过多的要求，这样才能做出好的选择。否则，你会受到太多因素的影响，很难做出决策，也无法得到好的结果。

你是激进派还是保守派？你喜欢领导还是喜欢跟从？你更注重长期收益还是短期收益？你更关注过程还是结果？对这些观念的取舍和坚持构成了你的“三观”，你的三观会影响你的选择，而你的选择则又影响着你的人生。

价值取向

价值观的问题经常被提及，也直接影响大多数人的主观感受和客观生活，值得一叙。

1. 关于赚钱

谁都想赚钱，但要先回答一个很核心的问题，那就是为什么别人愿意给你钱。对于赚钱这件事，从大学毕业到现在，我的态度就没怎么变过——更关注如何提高自己的能力，让自己的价值得到体现，从而让别人愿意支付报酬。越是有能力的人，就越不会计较短期得失，而只关心如何凭实力超过更多的人，只关心自己长期的成长。

关心长期利益的人一定不是投机者，而是投资者。投资者会把自己的时间、精力和金钱投入到能使自己得到成长和提升的领域，以及那些可以让自己掌控更大权力的领域，投资者善于培养自己的领导力和提升自己的影响力。投机者则热衷于在职场上讨好领导，在学习上追求速成，在投资上使用跟随策略，在创业上不择手段。当风险来临时，投机者几乎没有抵抗的能力，他们只能在形势好时如鱼得水。

2. 关于技术

要学的计算机技术实在是太多了，但我并不害怕，因为学习能力强是一名好的工程师必须具备的品质。工程学讲求权衡取舍，在不同编程语言之间争论谁好谁坏是一种幼稚的表现，事实上根本没有完美的技术。因此，我不担心技术不够完美，真正让我担心的是某些公司的专用技术被淘汰，如中间件、编程框架和库等。它们一旦被淘汰，我建立在这些专用技术上的技能也会随之瓦解。

自然地，我很警惕将自己的技术建立在某个平台上，不管是小众的还是大众的，甚至 Windows 或 UNIX/Linux 这种级别的平台也并不可靠。因为一旦这个平台不再流行或被取代，我也会随之被淘汰（在过去的20年中，发生了太多这样的事情）。为了应对这种焦虑，我更愿意花时间了解技术的原理和本质，这要求我必须了解各种技术的设计方法和内在逻辑。因此，当国内的大多数程序员更多地关注高性能架构时，我则花更多的时间去了解编程范式、代码重构、软件设计、计算机系统原理、领域驱动设计和工程设计等。只有了解原理、本质和设计思想，才不会被绑定在某个专用技术或平台上。

3. 关于职业

在过去20多年的职业生涯中，我从基层工程师一步步做到了管理岗位。许多从事技术工作的人会全面转向做管理，但我仍然专注于技术。即使在今天，我仍然会深入很多技术细节，包括如何编写代码。技术管理者需要做出决策，而不了解技术的人是无法做出好的决策的，因此不写代码的人无法胜任技术管理工作。

管理实际上是一项支持性工作，而不是产出性工作。很多组织正是因为变得越来越庞大，才需要有人来管理人和事。因此，管理者必须花费大量时间和精力来解决各种问题，包括办公室政治。

然而，当有一天失业率高或大环境不好导致管理者和程序员都需要自谋生计时，程序员会比管理者更容易找到工作。而且，相比之下，程序员这个职业更有创造性，也更有趣。通常情况下，管理者的技能需要在公司等组织中得到展示，而有创造性的技能可以让人独立。因此，程序员的职业前途比管理者更稳定，程序员也有更多自主选择的机会。

4. 关于打工

加入一家公司工作，无论是小公司还是大公司，都会有好的和不好的一面。任何公司都有不完美的地方，但首先要完成公司交给你的任务。有些任务本身是有问题的，这时我会提出自己的看法，而不是机械地完成任务。然后，我会竭尽所能找到可以提高效率的环节并加以改善。推动公司、部门、团队在技术和工程方面取得进步，并不是一件很容易的事，因为进步是需要成本的。有时候，这种成本并不是公司和团队愿意接受的。

然而，客观上，进步一定会和现状产生摩擦。有的人因畏惧摩擦而放弃进步，我则不然。与别人的摩擦并不可怕，因为双方的目标基本上是一致的，只是双方做事的标准和方式不同，这种摩擦是可以通过沟通来解决的。而不去推动进步，对于公司和个人来说，都是一种对时间和资源的浪费，也是一种不敬业的表现。敬业和有激情，就体现在一个人是否愿意冒险，去推动一件于公于私都有利的事上。不要成为一个听话、随大流甚至尸位素餐的人，这样既耽误了公司也耽误了自己。我更信奉“做正确的事情，等着被‘开除’”。

5. 关于创业

某一天，有个小伙子跟我说，他要离开 BAT 级别的大公司去创业公司了，理由是创业公司更自由一些，没有大公司的种种问题。我毫不犹豫地教育了他：“你选择创业公司的动机不对，是在逃避。”把创业公司当作避风港是不对的，因为创业公司的问题可能会更多。如果要去创业公司，那么更好的心态是：我要在那里干自己的事业。如果你的事业目标是解决一个特定的问题，或改进一个特定的事物，那么，创业是适合你的。

只有做自己的事业，你才能勇敢地面对一切，图安稳的心态只会让你更不平静。世界本来就是不平静的，找到自己的归宿和目标才可能让你真正平静。我从不要求现在的创业团队加班，更不会给他们“洗脑”。对于想要加入的人，我会跟他坦承团队现在遇到的各种问题和机遇，并让他自己思考，团队在做的事是不是符合他的事业诉求。抱着“还可以更好吗”的追问，每个人都应该为自己的理想奋斗一次，也只有心底那个理想值得这么大的付出。

6. 关于客户

我在创业时面对客户的态度，与我的价值观一脉相承。

我并不会完全迁就客户。一些银行客户和互联网企业客户对我的做事方式记忆深刻。当然，我也不会无视客户的需求而为所欲为，合理的诉求会尽力满足。倘若客户有任何问题，我都会耐心地听取他们的想法，并给出建议。这样的沟通方式虽然可能会花费更多时间，但能打造良好的合作关系，因此是非常有必要的。我这样做并不是为了讨好客户，而是为了分享经验和知识。完成客户的项目并不能给我带来太多的成就感，帮助客户成长才是真正值得骄傲的事情。

因此，如果客户的项目有不合理的地方，或有问题和隐患，再或者可能我自己犯了错误，我基本都会直言不讳地指出来。把真实的想法告诉客户，是对客户和自己最基本的尊重。无论客户最终可能做出什么决定，我都会事先坦陈利弊。因为我想做更有挑战性、更有技术含量的事情，所以我必须把陷入困境的客户拉上来，让双方共同进步，否则对不起自己的初衷。

以上是我在迈入“不惑之年”时形成的价值观体系，也许未来它还会变，也许它还不成熟。总的来说，目前我不想像大多数人一样随遇而安、随波逐流，尽管我也知道这样风险最小。我想走一条属于自己的路，做真正的自己。就像 24 岁从银行里出来时想的那样：我选择了一个“正确”的专业（计算机科学），身处一个“正确”的年代（信息化革命），这样的“狗屎运”几百年不遇，如果还要患得患失，岂不辜负了这个刺激的时代？所以，不用多想，做有价值的事就好。

这个时代真的是太好了！

02

我对技术的态度

最近，我接受了几家技术媒体的采访，在这些采访中，我分享了很多我在技术领域工作多年获得的经验和见解，其中一些观点值得在本书中再做强调和分享。我的经历虽然比较特殊，但是我的经验或许可以帮助那些同样在技术领域奋斗的人们。

成功的技术人员首先需要有严谨的思维方式和工作习惯，这可以帮助我们在工作中减少犯错的次数并始终对工作保持高标准的要求。其次，不断学习并掌握基础知识和相关技术，可以帮助我们更好地理解和解决问题。

此外，如果我们想要开发工业级的软件，就需要有专业的人员、工程和工具。专业的人员需要受过良好的科学教育，并具备严谨的设计、编码和测试能力。专业的工程需要遵循一系列的标准和规范，并且需要进行严格的设计、代码审查和测试。专业的工具可以帮助我们更高效地完成工作，并保证软件的性能和稳定性。

在追求技术的道路上，我们需要学会享受其中，对技术保持热情和真实，不受世俗干扰。

对日新月异的技术该持什么态度

遇到新技术时，应该去了解，但不要投入过多精力。一项技术能保持十年以上的生命周期，可能是它值得深入学习的理由，对于尚不成熟的技术，我们只需要抓住它们的发展趋势和脉络。有人说技术更新换代很快，对此我并不完全认同。不成熟的技术在不断涌现，这是无可辩驳的事实，但成熟的技术，比如 UNIX，已经有 50 多年的历史，C 语言存在 50 多年，C++存在 40 多年，TCP/IP 存在 40 多年，Java 也已经存在了将近 30 年……如果着眼于成熟的技术，其实并不需要关注太多的新技术。

我的观点是——要了解技术就必须了解计算机技术的历史发展和进化路线。这好比我们想要知道球的运动轨迹，就需要了解它在历史上是怎么运动的。

要理清技术的发展脉络。比如，70 年代 UNIX 的出现是软件发展史上的一个里程碑，同时期 C 语言的发明是编程语言发展史上的一个里程碑。当时几乎所有的软件项目都基于 UNIX/C。Linux 是 UNIX 的追随者，Windows 的开发也用 C/C++。C++被接受的过程很自然，企业级系统很顺利地迁移到 C++上。不过，C++虽然接过了 C 语言的接力棒，但它的问题是没有一个企业架构，而且设计得太随意。而在 Java 被发明后，IBM 把企业架构的需求承接了过来，直到 J2EE 的出现，让 C/C++再次显得捉襟见肘。在语言进化上，Python/Ruby 后还有.NET，可惜的是，.NET 局限在 Windows 平台上。

总的来说，要了解技术的发展脉络，你需要知道企业级软件语言层面的主干是：C → C++ → Java；操作系统层面的主干是：UNIX → Linux/Windows；而软件开发中需要了解的网络知识主干是：Ethernet → IP → TCP/UDP。另外一条技术发展脉络就是 Web 开发层面的 HTML、CSS、JS、LAMP 等。一个有技术焦虑症的人，一定要跟上这几条软件开发的主线。

从架构上来说，我们还可以看到：

- 从单机发展到 C/S 架构后，界面实现、业务逻辑和 SQL 都在客户端上，只有数据库服务在服务器上。

- 到 B/S 结构阶段，浏览器作为客户端，但是传统的 ASP、PHP、JSP、Perl、CGI 等编程模式仍将界面实现、业务逻辑和 SQL 放在一起。只不过 B/S 已经将这些东西放到了 Web 服务器上。
- 后来出现的中间件，也就是在业务逻辑中再抽象出一层，将其放到一个叫 App Server 的服务器上，形成经典的三层结构。
- 到分布式结构阶段，业务层和数据层都采用分布式。
- 现在的主流则是云架构——所有东西都被迁移到服务器上。

从技术的变迁可以看出技术的发展向后端移动的趋势，前端只剩下一个浏览器或手机。技术朝着后端移动是一个“不断填坑”的过程，通过这个趋势，我们可以预判整个技术生态发展的方向。

技术发展到今天，很多人评价一些技术不适用于生产实践或过于学院派。我的观点是，无论是应用的，还是学术的，有用的知识不嫌多，学习时不应有门户之见。

技术的发展要扎根于历史，而不是基于对未来的设想，承前的技术才会常青。请不要告诉我某项新技术未来会变得多么美好，我承认，用一些新技术可以实现很多花哨的效果，但很多对“某某技术要火”的预测都是没有根据的。只有应用场景变广、应用规模变大，才能说一项技术真的“火”了。至于有人说：“不学 C/C++也没什么问题。”对此我的回答是：“如果连计算机发展的主干都可以不学，那么还有哪些东西值得学习呢？这些技术形成计算机发展史的根、脉络，怎么可以不学呢？”

最后，我们应该了解整个计算机文化，我个人认为计算机文化源于 UNIX/C 这条线。注意，我说的是文化，而不是技术，读者自行学习时应注意其中的区别。

计算机科学教育的侧重点

学校在讲解一门技术时，大部分内容都是知识密集型的，但是社会上的大多数工作都是劳动密集型的。劳动密集型工作可能不需要学校教授的知识，如炸薯条。如果有一天你不再从事炸薯条这类工作，转而从事一些专业性的工作，你在学校里学过的知识就会派上用场。有人说，技术只要能用、能解决问题就可以，无须了解技术本身，但我不这么认为，我们至少应该知道技术的演变和进化过程。如果想解决一些业务和技术难题，就需要找出对应的关键技术并深入研究，像艺术家对待艺术一样专注。

我曾提出软件开发的三个层次。第一层，面向业务功能，只要会编程就可以；第二层，面向业务性能，技术基础非常重要，对操作系统的文件管理、进程调度、内存管理、网络的七层模型、TCP/UDP、语言用法、编译和类库的实现、数据结构及算法等知识要非常熟悉并做到灵活运用；第三层，面向业务智能，涉及的知识都比较学院派，比如搜索算法、推荐算法、预测、统计、机器学习、图像识别、分布式架构等，需要阅读很多专业论文。

位于哪个软件开发层次，主要取决于日常的工作内容。如果整天做重复性较高的简单劳动，用到的技术就比较粗浅、实用；但如果从事的是知识密集型的工作，就需要花心思去研究理论知识。比如，我之前做过跨国库存调配的业务，要求了解最短路径算法；而我后来在亚马逊做的库存预测系统，则要求掌握数据挖掘的数学建模、算法和技巧。

真正的高手几乎都来自知识密集型的学院派，他们的优势在于，能够将理论基础知识应用到现实业务中。但很遗憾，国内教育在将学院派的理论知识和实际业务问题结合起来这方面做得不够好。比如，学校在讲解哈希表或二叉树的数据结构时，如果能够结合实际的业务问题，那么效果会非常不错。例如，设计一个 IP 地址和地理位置的查询系统，设计一个分布式的 NoSQL 数据库，或设计一个地理位置检索应用。

在学习操作系统时，如果老师能带领学生制作一个手机或嵌入式操作系统，研究一下 UNIX System V 或 Linux 的源代码，那么学习会变得更有趣。在学习网络知识时，不妨重点学习 Ethernet 和 TCP/IP 的特性并进行调优。如果能制作一个网络上的 pub/sub 消息系统或一款像 Nginx 一样的 Web 服务器，那就更好了。在学习图形学时，能带领学生实践一个作图工具或游戏引擎会更有趣。

总之，教学内容一定程度上落后于技术实践，很多学校也没能通过实际的业务或技术问题来教授理论知识，因此，计算机科学教育还有很大改善空间。

软件开发是否越来越难

我认为，现在做软件开发比以前更简单了。互联网越来越发达，找到大量共享知识变得更容易了。首先，参与社区讨论和主动分享的人越来越多，而互联网尚不发达时，查资料很难，遇到问题也只能自己琢磨。其次，工具更多也更好用了。比如，以前 vi 编辑器连“自动提示”的功能都没有，也没有版本库管理功能。再比如，过去没有 jQuery，JavaScript 的代码都要自己写。而现在框架变多了，开发者不再需要从零开始写代码了。没有这些辅助工具，也就无法提高生产力。当时整个开发环境都不成熟，连 J2EE 都没有，而且服务器硬盘的最高配置只有 1GB，一个 WebSphere 就占去超过 900MB，硬盘空间所剩无几，因此只能用最基础的系统。

现在开发环境和开发过程都更加规范了。以前做开发的时候，没有统一的开发规范，没有他人的协助，只能自己凭理解来编写代码，再由自己来测试和维护项目。现在有了完善的工具、知识库、社区、开发框架、流程和方法，甚至有人帮忙测试并提供建议。但仍有人抱怨软件开发难度大，只能说是“身在福中不知福”了。

然而，现在的软件开发者也面临新的困难。一旦开发环境变得优越，人就变得懒惰和挑剔。我们那时候有大量工作要做，而且要尽快学会需要学习的东西，没有时间抱怨。而现在有的开发者，学习时挑三拣四，抱怨编程语言太烂、IDE 不好用、框架功能差、版本管理工具不合适……

所以说，如果非要说软件开发变得困难，那么根本原因也不是技术变难或者环境变差，而是程序员自己变得“娇气”了。因此，要想让软件开发变得容易，程序员首先需要改变自己的态度。

“35+”的程序员如何面对技术

程序员这个职业究竟可以干多少年？在中国，很多人认为程序员干到 30 岁就需要转型。当面试中被问到未来的规划时，很多应聘者都说程序员吃的是“青春饭”，职业生涯的极限是 35 岁。这样的言论实在让人不敢苟同，不过无须和他们争论，因为封闭的思维是很难打破的。

在论文“Is Programming Knowledge Related to Age？”中，北卡罗莱纳州立大学计算机科学系的 Patrick Morrison 和 Emerson Murphy-Hill 对 Stack Overflow 的用户数据按照如下条件进行了挖掘。注意，这些数据是公开的，任何人都可以用来分析和统计，所以这篇论文的真实性是有保障的。

- 采样数据的全量是 1 694 981 名用户，平均年龄为 30.3 岁。
- 采样的条件之一是用户年龄在 15～70 岁，这个年龄段被称作 Working age，没有输入年龄的用户则都被过滤掉了。

- 将采样范围限定于在 2012 年回答过问题的用户中。因为 Stack Overflow 在 2012 年大幅提高了对问题和答案的质量要求，所以当年新增的内容更能反映程序员的真实水平。
- 要求用户的 Reputation（声望值）在 2 到 100K 之间。Stack Overflow 用户的 Reputation 是得到社会认可的，在面试和招聘中是比大学的学分更有价值的“硬通货”。

最终过滤出 84 248 名程序员，他们的平均年龄为 29.02 岁，平均 Reputation 为 1 073.9 分。

程序员的年龄分布如图 2-1 所示，符合正态分布，分布的高点在 25 岁左右，但是中位数在 29 岁左右。

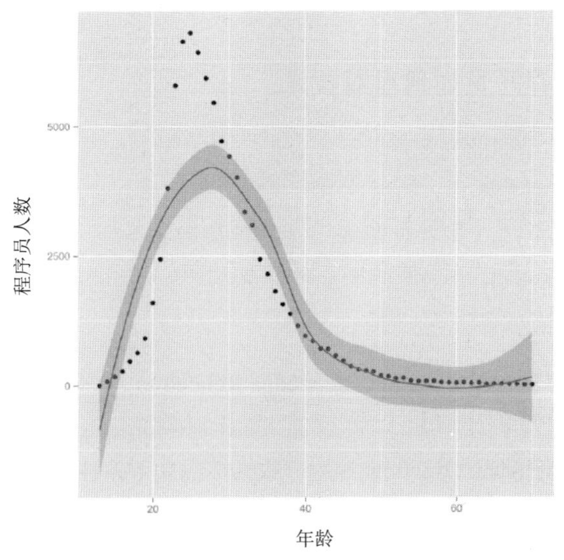

图 2-1　程序员的年龄分布

程序员能力和年龄的关系如图 2-2 所示。可以看到，程序员的能力在 25 岁左右开始上升，一直到 50 岁后才开始下降。所以，程序员的能力并不随着年龄增长而衰退，不需要靠年轻力壮来支撑。

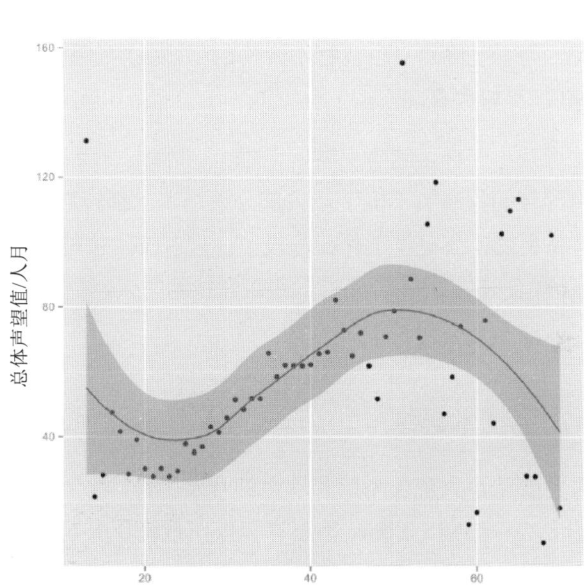

图 2-2 程序员能力与年龄的关系

在这篇论文中，作者引入了近 5 年比较流行的技术标签，采用一套严谨的算法来确定“老程序员”是否能够跟上新技术的步伐，判断的依据是，他们对新技术相关问题的回答是否还活跃。这里所谓的“老程序员”指的是 37 岁及以上的程序员。分析数据后得出的结果是，“老程序员”和年轻程序员在学习新技术方面的表现是相近的，甚至有些“老程序员”的表现胜于年轻程序员。

这些年，国外优秀 IT 公司的工程能力并不见得比国内的强多少，但是这些 IT 公司的架构和设计能力要超过国内公司的。差别最大的是，具备超强架构和设计能力的国外“老程序员”还战斗在一线，他们的贡献力绝对超过 100 个普通新手。

国内有些新一代程序员太急功近利。老实说，对于大多数人来说，如果没有编程到 30 岁，还不能成为一个“合格”的程序员。30 岁是编程的起点，而不是终点。也只有不合格的程序员才会整天抱怨，并且“迷恋速成”“好大喜功”。

编程就像登山一样，越往上爬，人越少，因此，在我这个年纪还对编程热情犹存的程序员不多了，大部分人基本上都转做管理者了。其实，职位是虚的，公司没了什么都没了，只有技术才是实在的。此外，到我这个年纪还在从事编程工作和研究技术的人，经验较为丰富，能力比较强，通常是公司的中坚力量。

工作经历决定技术思维

我过去主要从事大规模系统和软件的开发工作，我个人习惯使用相对晦涩的 C/C++/UNIX/Linux 等语言和操作系统。由于这些语言和操作系统的特性，我必须处理很多与底层系统相关的错误。而在开发大规模的系统和软件时，我总会遇到很多奇怪的问题。这迫使我要去了解更多操作系统、计算机系统、网络、数据库、中间件等基础或底层技术的知识。

软件工程非常严谨，不能马虎对待。我的职业生涯中有几次马虎的经历，它们给我造成非常大的心理阴影。例如，我曾经因为代码写得很烂而被定性为“不适合写代码”，以及在后来的工作中因导致严重故障而几乎要被“炒鱿鱼”。此外，我曾有一份工作要求随时响应全球范围内的客户要求。在这种让人随时待命的工作中，我经常会在凌晨被叫醒并需要立即解决问题，这种经历让人非常痛苦。不过，这些经历让我养成了严谨的习惯，完善了我的价值观体系，使我形成需要不断提高自身标准的意识。

想象一下，使用 C/C++ 开发一个几乎不会出故障的软件系统，需要多么细致和严谨的工作态度。总的来说，我的经验让我对工作不能马虎应付，更不能在标准上妥协。随着时间的推移，经历帮助我逐渐形成如下技术思维。

- 要知其所以然。这需要不断学习基础原理及与特定技术相关的基础知识，就像在维基百科上搜索一个条目时，该条目会与很多新的条目关联一样，我们也要在脑海里自动关联所学的基础原理。因此，当多年后我看到“知识广度是深度的副产品”这句话时，它引起了我内心的强烈共鸣。
- 要开发工业级的软件。从银行到汤森路透，再到亚马逊，软件开发都需要遵守 SLA（Service Level Agreement，服务级别协议）的要求。我认为，衡量一个软件是工业级还是民用级，有一个最重要的指标，就是软件在性能和稳定性方面是否有 SLA。绝大多数的互联网产品和开源软件都没有 SLA，因此无法达到工业级标准。要达到工业级标准，需要花费时间、人力和财力进行烦琐的设计、测试评估和运维管理。
- 要有专业人员和专业软件工程。开发工业级软件需要有计算机科学教育背景的工程师，需要有工业级的软件工程，比如严谨的设计/代码审查、严格的测试，以及完备的线上运维。同时，高级别的 SLA 需要大量的专业工具来支撑，这也是工业级软件的标准之一。

我们总需要至少在某个环节上认真。这个环节越靠前，效率就越高，反之效率就越低。在设计和编码时不认真，就需要在测试上认真。在测试上也不认真，就必须在运维和故障处理上认真。

享受技术带来的快乐

十年前，我在上海做交通银行的项目时，每周只休息一天，工作时间是从早上九点到晚上十点，除去休息的时间，每天工作约十二个小时，下班回到住处后我还会看书到十一点半。这样的工作持续了整整一年，没有任何节假日。这样的日子虽然很累，但我的时间没有被荒废。我很开心，因为有成长的感觉。

现在我每天早上七点半起床，起床后会浏览一些 IT 网站，如 Hacker News、Tech Church、Reddit 等。九点我开始工作，下午六七点下班后则去照顾孩子。晚上十点孩子入睡后，我会回顾这一天发生的事情，也可能看书。我在学习的过程中不喜欢被打断，所以晚上十点到十二点是我连续学习的黄金时段。晚上十一点半左右，我可能会做笔记或写博客。现在我对酷壳文章的质量要求比较高，大约需要一个星期才能写一篇。通常到了凌晨一两点，我才会睡觉。虽然有技术焦虑症，但是这样的生活节奏让我感到充实且踏实。

深度掌握任何一门技术都是非常有趣的。曾经在亚马逊工作时，一个新来的工程师坦言自己在上一家公司一直从事数据挖掘和推荐系统开发工作，但那家公司重组时要求他担任前端工程师，因为不想做前端，他离职了。我认为没有必要自我设限，前端和后端都是编程，JavaScript 和 C++也没有高下之分。编程的关键不在于使用什么语言编写代码，而在于组织程序、设计软件的能力。可以不喜欢某种技术，但没有必要完全抛弃它，对其他技术我们仍需要有所了解。

享受技术带来的快乐，首先是不要让世俗的事物打扰内心世界，不应该让别人控制自己的情绪。只有活得真实，才能感受到快乐。其次要有热情，有了热情，加班也不再是苦差事，想想通宵玩游戏的快乐时光，道理是一样的。

总之，没有兴趣才是不快乐的原因，其他的都是借口。反过来，如果有兴趣，即使看上去辛苦的事情都会变得有趣。

03

中年危机

如果过分注重眼前的利益，或是对一时的失业感到莫名恐惧，那么中年危机就一直会是悬在程序员头上的利剑。事实上，就我的个人经验而言，最重要的是追求有价值的事情并坚持下去，这是应对中年危机的关键。

左耳朵耗子出道

耳东陈，皓谐音耗，“左耳朵耗子”就是这么来的。

1998 年毕业后，我在银行工作了两年，觉得自己有幸赶上 IT 时代和第三次工业革命，便毅然决定进入计算机软件行业工作。为此我需要先选择一个正确的城市，所以我先跳槽到了上海。在上海奔波了两年后，我又来到了北京。

我的职业经历全部与大数据、云计算这样的大规模分布式业务场景有关，不管是在银行还是做电商。我工作过的大型电商公司有亚马逊和阿里巴巴，而在汤森路透工作期间，我参与的项目正好也是实时交易的金融数据的分发。

博客与专栏

我从 2003 年开始写博客，其实，那时候还没有博客这个说法。我最开始是在 CSDN 上写文章，取我的座右铭“芝兰生于深谷，不以无人而不芳”中的“幽兰深谷”四个字为自己的网名。2009 年我离开了 CSDN，租了一个服务器，创建了酷壳，于是我有了酷壳这个独立域名。

我一开始完全不知道如何注册域名，酷壳源于朋友给的域名，域名叫 cocre.com。朋友解释“co”指“Cooperation”，“cre”指“Creative”，在连读中该域名便成了“酷壳”。后来我自己又注册了.cn 的域名。

再说说“极客时间”专栏。在程序员垂直领域这个产品做得比较成功，但“极客时间”和“得到”不一样，“得到”卖的是认知，它卖的是知识。认知只能开启脑洞或眼界，知识要更系统一些。

对于教育产品，我首先想到的是深度学习（不是 AI 的深度学习）。浅度学习就是听他人讲述、读书或看视频，是一种被动学习。而深度学习是主动学习，是自己动手做一遍，把自己理解的东西写出来，进行归纳总结，甚至给别人讲课。倡导主动学习的教育才是真正的教育。这也是我在极客时间专栏里一直强调的理念。

我的粉丝大多来自博客，微博的粉丝也不少。当然，付费用户主要来自“极客时间”，他们希望看到更有价值的内容，甚至别人看不到的内容。所以，我在专栏里必须要写一些不一样的东西。但我还是更喜欢写免费的博客。

我的中年危机

我在 2015 年左右步入中年。我当时很痛苦，在家里待了一年。那段时间我声名正隆，收入也不低，但骂我的人也少不了。每到年底，我都会反思一年中的得失，反思中充满了对虚度光阴的不安。

我一般会问自己三个问题。

- 每天早上醒来的时候，我会为什么而感到兴奋？是什么驱动我开始新的一天？

- 现在正在做的事是否让我有兴奋的感觉，是否让自己有充满力量和期待的感觉？
- 我有没有浮躁，有没有得到认可，尤其是自我认可？

对这三个问题，相信每个人都有自己的答案。

2014 年年底的一个晚上，我妈打电话说我爸病危。这是中年危机的第一个征兆。当时我还在阿里巴巴，经手的项目遇到各种各样的困难，而当年工作进度又要因为父亲的生病被耽搁。这是第二个征兆。

父亲的病情不能拖延，需要手术治疗就必须面对。孩子的上学问题也只能硬着头皮去处理，这些花费了我近一年的时间。虽然父亲术后仍需要观察一年，但好在恢复得比较好。

离职还算可以承受。彼时我刚好把房贷全还完，因此离开阿里巴巴的时候没有负债支出，而且我也有一些积蓄，经济上的压力并不大。

知乎上对我的讨论颇多，有些人把我说得很不堪。这让我想到从前，我从老家去上海打拼时，也有很多人质疑我的技术。事实上怕批评就别做事，或者说不想被批评那就最好不要有观点。一旦有观点，在有人喜欢你的同时，也一定会有人讨厌你。要多关注那些喜欢自己的人，而不是那些讨厌自己的人。

年轻时的失恋让人痛苦，中年危机只是另一种痛苦罢了。人生总会有起起伏伏，到低谷的时候，要坚信一定会迎来“触底反弹”。事情经历得多了就会知道，时间可以解决一切问题。

我的经历看上去很光鲜，实际上在 2015 年离开阿里巴巴后，我也经历过很多波折。在家时，我对未来有各种畅想——是找一家更“牛”的公司或者出国，还是创业？虽然我不是特别想进大公司，但有时也会羡慕那些能在一家大公司里任劳任怨、劳苦功高的人。

大公司不是我的归宿，而大多数小公司又“不够酷”。其实我最想去的是支持远程办公的企业，不过当时国内还没有这样的企业。

我并不是看不上小公司，只是自己已经有相关的经历，不想再重复体验，毕竟人生是有限的，我希望我的经历能更丰富一些。

技术水平在程序员群体中排前10%以内的高手，跟普通人的差异会比较明显。而我不是这样的特例。我能干的，别人也能干，无非我更能沉得下心来。

如果我的性格更好一点，姿态更卑微一点，我对人更随和一点，处事更“会社交”一点，也许我可以在前几家大公司“混”得更好。但我觉得这不是个人的问题，鱼就适合在水里，在陆地上就会有种种不适。

用创业对抗危机

我其实一直想做自己的事情。早在2010年左右，当谷歌搜索退出中国、亚马逊不见起色时，长时间在外企工作的我，特别想了解本土企业的“玩法”，所以我后来去了阿里巴巴。

狄更斯曾经描绘过一个“最好”也“最坏”的激荡年代，而现阶段的中国可能也处于一个矛盾交织的时代。于是，对于一些人来说，出国是一种选择。而我之所以留下来，是因为我的家国情怀。我经历了中国“入世”、中国足球男队进入世界杯决赛圈、香港和澳门回归、迎接新世纪、举办奥运会，以及微博的黄金时代。发自内心的自豪，让我觉得国内的优势国外根本无法比拟。

当然，我的爱国方式有所变化。我希望中国能进步，向更理想的方向发展，最终越来越完美。所谓公民意识，就是国家变好每个人都有功劳，国家不完美每个人也有责任，每个公民要尽量想办法尽到自己分内的义务。

在阿里巴巴经历了一番洗礼后，我对本土企业的理解进一步加深。但当我自己开始创业后，我发现企业和我想象中的完全不一样。我以为自己在游泳池里，但其实我跳进了大海，其中有浪涛汹涌，还有鲨鱼环伺。也就是说，创业实际上是一个自我学习和进化的过程，没有人教你，也没有标准手册，你必须通过亲身体验来领悟和实践。

创业公司头三年都是在“交学费”，在学习过程中需要一点点地积累客户资源，并且在团队、产品等各方面，创业公司要不断弥补认知和技能差距。这个积累周期的时间长度远远超出我的预期。

离开亚马逊时我想过创业，但是在阿里巴巴工作的经历又让我打消了创业的想法。那为什么最终我又创业了呢？因为有很多公司找我解决系统故障，在我看来它们都是同一个问题，那么既然存在如此明显的共性需求，何不顺其自然地围绕这些需求创业？所以，我的创业项目并不是完全由我的个人意志驱动的，而是在被市场推着向前走。有了这个机会，加上预期收入也不错，最终我没有接受任何投资，基本上就可以养活一个很小的团队。

可能是因为创业初期一切都太顺了，我总觉得前面有个“大坑”在等着自己。果不其然，一家客户公司倒闭导致其无法履付我方几百万元人民币的合同款；另一家客户公司的业务方向做出调整，就“不打算”付款了，虽然合同都签了，但因为收不回款，账面上的钱马上就快没了。

更让人措手不及的是，不仅客户方面出了问题，行业也出了问题，甚至整个经济形势也不容乐观。中年创业遭遇一系列“黑天鹅”事件，可谓危机重重。

理性看待中年危机

中年危机形形色色。压力最大的情况莫过于突然失业，工作不好找，积蓄又不多，并且还背着大笔房贷。如果遇到这种情况，四十岁上下的程序员应该怎么办呢？

经济压力没那么大的，可以考虑学习更多的技能，以谋求更长远的发展。普通人大多需要尽快进入另一家公司，或者从事自己可以快速启动的其他工作，如自媒体等。当然也可以选择创业，搏一次机会。

有技能要求的岗位倾向于用年轻人。因此，许多人一到四十岁就开始转向那些倾向于聘用中年人的岗位方向，比如管理岗位。人到四十难免负重前行，但这个年龄段的人精力尚在，时间还掌握在自己手上，还有机会翻身。我父母便是“下岗工人”，他们 50 多岁遭遇“下岗”，那才叫惨。

社会新闻经常提到失业，失业当然不是好事，但千万不要把它变成“更坏的事”。只要坚持下去就会迎来转机，一旦采取极端手段，就没有第二次选择的机会了。

每个人在安稳时就应该去追求有价值的东西，而不要只顾眼前的利益。如果觉得“996”可以让自己过得更好，就去实践“996”。但不要把自己当成劳动力，劳动力往往是更容易被裁掉的人，而且重新找工作也会困难重重。而这个局面与当初的价值选择其实是有一些因果关系的。

每一个选择都是有价格的，趁着中年危机还没来，做好人生的战略储备吧。

04

做正确的事，等着被“开除”

要想在公司中获得好评，需要保持平常心。不要过分在意一时一事的评价，因为它不是长久的。“做正确的事，等着被‘开除’”，这句话听上去“非常危险”，但它其实揭示了一种关于绩效和个人成长的观念。本章主要探讨如下问题。

- 什么是正确的事？正确的事有哪些？为什么要做正确的事？
- 如何才算是“用一颗非常严肃的心来面对自己的个人发展和成长”？
- 什么才是一个人真正的绩效？
- 在软件工程中，自顶向下的设计方法是否正确？
- 如何才能做到不委曲求全地追求正确的事？
- 主管和公司不认可我的绩效时，我应该怎么处理？
- 公司绩效考核采取“强制分布法”，我作为一线主管，怎么办？
- 对于能力不行的员工该怎么办？
- 如果用绩效来考核事，那么怎么考评人？

正确的事

在工作和生活中，我们总是希望做正确的事。但是，如何才能做正确的事呢？下面列出一些参考标准，它们可以帮助我们辨别什么是正确的事情。

第一，正确的事情应该能够给公司或个人带来长期收益。这意味着，我们需要在长远的时间跨度内考虑自己的行动和决策对公司或个人的影响。我们不应该只关注眼前的利益，而应该思考长期的发展。这样做能够让我们获得更为稳定的收益，而不是一次性的短期收益。

第二，正确的事情应该能够使公司或个人有质的提高或成长。这意味着我们需要注重自身的成长，不断学习和提高自己的技能，为公司创造价值。同时，我们也应该关注公司的发展，思考如何为公司带来更多利益和价值。只有这样，才能使公司和个人双方都获得成长和提高。

第三，正确的事情应该能够提高效率。在物理学上，效率=有用功/总功。这意味着正确的事情应该能够让我们更有效地完成工作，提高工作效率，节省时间和资源。这样，才能更好地完成工作任务，为公司创造更多的价值。

第四，正确的事情应该能够解放生产力。这意味着我们应该关注如何让自己和团队克服阻碍个人和团队发挥实力的阻力，如何消除无谓的工作和流程，以及如何利用技术和工具来通力协作。

第五，正确的事情应该能够增强公司或个人的竞争力，创造更多的可能性。这意味着我们需要关注市场和行业的变化，了解竞争对手的情况，思考如何提高自身的竞争力，为公司创造更多的机会。

总之，时刻关注正确的事情，可以帮助我们做出更加明智和正确的决策。对于工程师这个特殊职业，正确的事有更具体的标准。

- 多关注自己得到的，而不是自己失去的。一个人的时间、金钱、青春、精力、经验、能力等都可以用来投资，而聪明的投资者只关注自己能获得什么，而不是会失去什么。
- 简化和自动化。做可以提高效率、解放生产力的事。注意，效率不等于速度，想提高效率，要么减少“总功”，要么提高“有用功”。

- 学习并使用更优秀的技术，特别是那些可以解放生产力的技术。
- 用通用技术解决公司特定的问题。针对性地解决具体的问题只会得到“术”，而不会得到解决问题的“道”。用通用技术有利于个人探索问题的本质，让个人能更快地获得成长和提高。
- 不要加班，并用制度加以保障。这样可以迫使工程师使用智力，而不是体力来解决问题。
- 远离劳动密集型工作（需要增加人力和资金才能完成），远离流程复杂、审批复杂的工作，亲近知识密集型和员工有自主性的工作。
- 用技术解决问题，而不是用管理解决问题。
- 坚持高标准。因为做事情往往“取法其上，得乎其中”。
- 慎重对待技术。用严谨的设计、编码、评审、测试、运维解决问题，而不是用权宜之计，这样水平才能快速提升。
- 让软件有思想，而不是拼凑软件（请参阅《UNIX 编程艺术》）。学习各种基础技术的原理和思路，而不是只想着应付工作。
- 身处 IT 浪潮之中，不坚持做正确的事，就会辜负时代的馈赠和工程师的使命。我个人曾做出两个至今仍让我倍感欣慰的决定：放弃银行工作和分房机会，离开家乡来到大城市，投身互联网大潮。放弃汤森路透的工作，降职降薪到亚马逊。

房子、稳定的工作和高管的职位，是一般人不敢轻易放弃的。但我清晰地知道自己想要什么，并专注于追求自己的目标，这让我拥有了更有价值的人生经历、更广阔的视野和更有前瞻性的思维方式，也让我终身受益。

自顶向下的局限性

1986 年 1 月 28 日 11 时，美国挑战者号航天飞机发射。飞机升空后，其右侧固体火箭助推器的O形环密封圈（用于连接两节助推器）突然失效，被泄漏出来的热气融化，相邻的外部燃料舱起火。在航天飞机上升72秒后，助推器脱落，几乎在宇航员Michael J. Smith最后一次发出声音的同时，航天飞机爆炸完全解体，七名宇航员全部遇难。

事故发生后，由罗杰斯委员会对事故进行调查，调查成员包括著名的物理学家Richard Feynman。Feynman的不羁和直来直去与委员会的整体风格形成鲜明的对比。最终，在委员会提交的报告中，Feynman的报告“Personal Observations on Reliability of Shuttle”只作为附录的一部分。

这份报告对实现高可靠性系统相关的工程学要旨有深刻洞察，其结论与我们的软件开发密不可分。Feynman是这样说的：

> 航天飞机主引擎的建造方式是自顶向下（top-down）的。引擎被设计为一个整体，而很多细节在设计时并不成熟。因此，当其中的零部件（如轴承、涡轮叶片、散热管等）出现问题时，需要付出昂贵的代价来找到原因。要避免出现问题，需要频繁地维护和更换关键零部件。而且，修理往往治标不治本。

软件开发也是如此。缺陷存在的时间越长就越难被消除。自顶向下的方法导致产品在设计之初就存在Bug。很多时候我们忽视了需求和设计的不同之处，需求依赖于清晰而良好地定义产品，而设计则要找到满足需求的方法。Feynman并不反对功能规格说明书，他反对的是自顶向下的设计方法，如UML被认为是蓝图。接下来看看他的言论：

> 航天飞机的主引擎是一个不同寻常的机器，以往常规飞机引擎的制造经验对它而言不再有效。由于引擎建造工程采用的是自上而下的设计方式，流程中的问题很难被发现和修正。比如，引擎的设计寿命是能够完成55次点火任务的，

> 但实际上目标并没有实现。现在，不仅需要频繁维护引擎，并且需要经常更换其重要部件，如涡轮泵、轴承、金属片等。

“不合适的自上而下的设计方式导致问题很难被发现和修正”，这在软件工程领域同样存在。Feynman 继续阐述原因：

> 很多已被解决的问题在最初设计时就是设计的难点。没有人可以确定所有问题都会出现，而其中一些问题既没有被正确归因，也没有被妥当解决。

设计 Linux 内核和设计航天飞机引擎遇到的基本问题是类似的，而“自上而下”的荒唐一幕也会反复上演。自上而下经常过度关注需求而忽略具体细节，而非常精细的细节是必不可少的，因为细节无法被完全抽象出来。Feynman 继续评价 NASA 的航空电子系统：

> 对该软件的检查采用了自下而上的方法。首先检查每一行代码，然后验证代码段、模块和一些复杂功能。随后检查范围逐步扩大，直至将新的更改组合成一个完整的系统，并输出为最终的产品，一个新的 Release。最后，负责的部门以中立的态度不断测试和校验软件，就像自己是这个软件的用户一样。

这是 Feynman 于 1986 年提出的单元测试，今天单元测试已成为软件开发中最重要的环节之一，有时也被融入编码环节。步步为营的增量式开发方式和以中立的态度来看待问题同样值得学习。很多人认为，软件工程还太年轻，有很多知识我们还没有掌握，所以我们在软件开发中总是出现问题。这完全是胡说！我们之所以痛苦，是因为总是忽略那些早就确定的、为人所熟知的且已被实践证明过的现成方法。

当然，企业的管理层也有责任，尤其是在时间进度紊乱、激励机制不当、招聘水平低下和提振士气不力等方面负有关键责任。管理部门和工程团队之间的紧张关系最终导致了糟糕的决定，Feynman 在他的报告中也提到这一点：

> 本来设计计算机软件检查系统需要最负责的态度，事实却背道而驰。虽然没有发布像固体燃料助推器设计寿命那样自欺欺人的标准，但管理部门最终的建议是，复杂而昂贵的测试没必要，应予以取消。

该案例提示了以下 4 条关于软件工程的核心观点：

- 只有与管理部门保持良好的关系，我们才能将工程做好。
- 自顶向下的大型设计是愚蠢的。
- 软件工程和其他传统工程学科本质上是一样的。
- 要实现可靠的系统，必须进行近乎残酷的测试、自下而上的递增式开发，并且全程要有高度负责的态度。

严肃对待个人成长

个人成长是一个宽泛的概念，不仅是指在公司获得升职和加薪。是否实现个人成长，有以下 4 条标准。

- 能否进入世界一流的公司，并在其中表现出色。这是指个人能否在一个具有挑战性的环境中工作，与同行竞争，学习和掌握新技能，并建立起强大的职业网络。
- 能否找到稳定的工作。这里“稳定的工作”是广义的，是能够在世界经济不断变化的背景下，找到一份始终稳定的高质量工作。
- 能否做到大多数人做不到的事情。这样的事情通常是充满困难和挑战的。正因如此，如果能做到，个人的自信心和自我实现感都会明显增强。
- 是否具备领导力。这是指别人是否会向你寻求帮助并依赖你。具备领导力可以更好地与他人合作、发挥个人优势，以实现更大的目标。

综上所述，个人成长是一个宽泛的概念，可以通过不同的途径实现。无论是学习新技能、建立职业网络、挑战自我，还是发挥领导力，都可以帮助个人实现更高的职业目标，获得更大的成就感。

真正的绩效

一个人真正的绩效，不应该依赖于团队协作或特定的公司资源。相反，通过整合、利用并不属于自己的资源，发挥毅力和创造力来达到超越常人的成就，才是值得提倡的。

领导力是个人绩效的重要影响因素。除此之外，真正的绩效还可以体现在以下 4 个方面。

- 有效的沟通能力，包括与团队成员和上级能有效地沟通，以及与客户和合作伙伴能建立良好的关系。
- 良好的时间管理能力，包括能合理地制订计划、设定事项优先级，以及分配个人时间。
- 能够适应变化和应对挑战，包括能不断学习新知识和新技能，以及灵活地调整策略和计划。
- 坚持不懈与自我激励，包括能长期坚持设定目标、制订计划、跟踪进展并及时进行调整。

实现了真正的绩效的人通常能够赢得他人的尊重和信任，团队成员愿意追随左右，客户和合作伙伴愿意给予信任和支持。因此，一个人真正的绩效不仅体现在成就上，还体现在影响力和领导力上。

如何避免长期妥协

我们首先要知道，偶尔委曲求全是难以避免的，很多事情都需要妥协。但是，长期妥协会形成恶性循环，实不可取，可以采取如下措施加以避免。

- 与适合自己的领导或公司合作，而不是改变自己去迎合不适合的人和公司。这样做可以避免不必要的矛盾或压力，同时也可以更好地发挥自己的优势和能力。
- 与有大智慧的人共事，注意甄别那些只有一点“小聪明”的合作者。有大智慧的人可以帮助我们更好地分析和解决问题，学到更多的知识和经验。
- 努力提高自己的能力，达到“工作自由”（随时找到更好的工作）的境界。能力提高让我们胜任工作的同时，增加了个人价值和竞争力，以及面对挑战的底气。

不被认可怎么办

好的主管会在你出错时及时指出你的错误，会在你遇到问题时与你一起找出原因。好的主管始终是希望员工成功的。因此，如果你的绩效出现问题，好的主管会反省自己是否在管理上做得不够好。

如果你的主管并非如此，他从不指出你的问题，也不为你提供支持，而是采用“秋后算账”式的管理方式，那么无论你是否胜任当前的工作，你都应该立即离开这个不称职的主管。

即使你的主管没那么离谱，在绩效评估时你也一定要问清楚个人绩效不达标的具体案例及原因。这样才能帮助你准确判断绩效不达标是因为自己没有待在正确的岗位上，还是个人能力不足。如果是前者，你需要考虑是否继续迎接挑战，是否绩效不达标也仍值得留在这个岗位上。相反，如果你觉得以自己的能力无法完成更高级别的任务，那么你应该想清楚自己的长处，以便扬长避短，找到适合发挥自己长处的工作岗位。

“强制分布”的绩效考核

我最近担任主管和经理的三家公司都要求绩效“强制分布”。所谓“强制分布”，就是按规定的比例给团队成员的绩效打分。比如，如果规定的比例是 2∶7∶1，那么团队成员中必须有 20%的人超标，有 70%的人达标，有 10%的人不达标。也就是说，总有人不达标。在外企中，绩效“强制分布”后，不达标的员工会收到一个 PDP（Personal Developement Plan，个人发展计划）或 PIP（Personal Improvement Plan，个人提升计划）。在以上计划中，公司和主管会为不达标的员工定制为期 6 个月的改善计划，经帮助后如员工还是不达标，那么按 PDP，公司会对其实施培训转岗，而 PIP 会对转岗后仍不能胜任工作的员工依法启动“N+1”倍赔偿的离职程序。很多国内公司都没有改善计划，员工连续两次业绩不达标后会被直接劝退，有的员工会得到“N+1”倍的赔偿。

之所以推行绩效考核强制分布，是因为公司要“换血”。每年淘汰 10%不胜任工作的人，更优秀的人才有机会进来，这样公司实力才会越来越强。其实，整个社会、整个自然界都在优胜劣汰的法则下运行。而我一直强调的做正确的事，也是为了不被淘汰。

很多主管在确定 10%的淘汰人选时，都非常纠结，有的主管甚至专门请人来处理此类事项。对此，我个人有两点建议可供参考。

- 如果团队的每一位员工都表现得很好，那么一定要向公司或你的直属上级争取取消这 10%的配额。即使很有可能争取不到，这也是主管应该干的事。为此，你或许会给公司或上级留下不好的印象，但是你也会得到下属的拥护和业内的口碑。
- 如果没有真正不合格的人，但又必须选出来人选，那么只能挑团队里最不重要的人。主管可以做的是，让这个员工有尊严地离开，例如，将他推荐给其他好的公司，帮他物色合适的职位，或帮他准备面试。

面对“强制分布”的绩效考核，主管如果处理得当，可以将这个制度的残酷性降至最低。而理想的效果则是，让员工开了你，而不是你开了员工。

能力欠缺的员工

如果领导和公司把所有问题都归因于能力欠缺的员工，那么这家公司就失去了通过反思变得更好的机会。而从不反思，或没有保障进行反思的机制，则不仅让公司失去进步的空间，也让领导和公司处在危险的边缘。主管至少可以从以下几方面进行反思。

- 招聘的过程和方法是否存在问题？哪些地方可以改进？
- 这个能力欠缺的员工有什么长处？其长处是否被用在正确的地方？
- 什么时候发现员工能力欠缺？为什么这么晚才发现他的问题？管理上存在哪些问题？
- 当发现问题的时候，自己为他和公司分别做了哪些事情？

发现能力欠缺的员工也是主管的成长机会，如果发展到和员工谈离职那一步，主管一定要检讨自己的不足，并且尽可能地帮助员工找到合适的新工作。毕竟，能力欠缺有可能只是一种个人能力与公司或岗位需求不匹配的不严谨的说法。

绩效不能考评人

我建议用绩效来考核产品、项目、部门，甚至代码。那么，在这种考核导向下，不合格的人怎么能不成为漏网之鱼，优秀的人又怎么能不受负面影响呢？

在我看来，绩效就是针对事而不对人的，人甚至不应该被连带考评。但是，事情中的人会接受间接考评。

如果一个项目、一个产品、一个部门的绩效考核第一年不合格，那么先停止招人；第二年不合格就要裁人，一直裁到营收平衡；第三年再不合格，就要考虑是否砍掉这个项目、产品或者部门。

对于人员的考评，应该采用另一套体系，或者加上更多的维度。比如，亚马逊公司的考评有三个维度——绩效、领导力和潜力。这是一种三合一的评价方式，如果一个人有领导力或潜力，他就可以留下来，而不是只凭绩效去考评他。这同时说明，企业应该尽可能地发现一个人的长处和亮点，而不是只注重他当前的工作结果。

很多管理者不用绩效考核就不知道如何管理员工。可能他们会辩解：没有绩效考核，公司怎么实现“换血”呢？我认为，使用绩效考核或其他方式来淘汰不胜任的人没有问题，但是能否不给人贴上全面否定的标签呢？更有甚者，员工因工作失误造成线上故障，就立即被评定为全年绩效不达标。这样的管理方法过于简单，缺少多维度的评价视角，势必带来一系列不良后果。

最后，分享一条我在一次管理培训课上提出的观点：“作为经理，你要让你的员工成功，而不是让他们失败。员工失败了，经理要负主要责任。”

05 有竞争力的程序员

如何成为有竞争力的程序员？

我个人认为，独立思考是前提，同时要注重所获信息的质量，刻意构建个人的知识体系，培养个人的技能和领导力。在信息质量方面，需要注意信息中的噪声和信息的质量等级；在知识方面，需要全面系统地培育知识树（基于图的知识体系）、了解知识的缘由并掌握学习方法；在技能方面，需要精益求精，允许自己犯错并找高手切磋；在领导力方面，需要识别自己的特长和天赋，区分自己的兴趣和事业，养成高效学习的习惯和方法，并且保持勤奋、执着。

五步思考法

计算机的思维方式更接近数学的思维方式，其实，并不需要太复杂的数学逻辑，只需要使用一些简单的数学方法就可以大幅提升我们的认知能力，比如我常用的五步思考法。

第一步：考证信息数据的正确性。如果一个观点依托的数据错误，那么这个观点多半就是错的。因此，首要任务是对数据进行查证。一般来说，一篇严谨的文章需要为数据提供考证线索。只有“有关专家表明”“美国科学家证明”“经济学家指出”，但没有给出具体来源或人名，也没有说明验证文章权威性的方法，文章的可信度就会降低。如果的确关注文章的内容，建议自己去查找信息，虽然这样费时耗力，但更安全可靠。我个人认为维基百科这样的网站适合用来获取信息，因为信息的可考证性是它的基本属性。

第二步：处理集合及其包含关系。这里有一个非常简单的数学逻辑，人人都应该掌握——哲学家是人，柏拉图是哲学家，因此柏拉图是人。这是一个关于包含关系的推理。请不要小看这个简单的逻辑，很多没有逻辑的人容易被情感所支配，片面地以点代面，以特例证明普遍性。“以偏概全”就是一个例子，因为一个错误否定一个人也属于这种情况。

在数学逻辑中，超集的定义适用于子集，通过子集的特征可以对超集进行探索，但是子集无法代替超集。此外，集合范围选定不当会导致幸存者偏差，很大的样本集可能正好在盲区之中。

第三步：处理逻辑因果关系。确认强因果关系需要分辨充分条件、必要条件和充要条件，然后找出明确的关联性。人们经常混淆两个看似会一起发生但实际上并没有关联的事情，比如努力和成功、加班和产出、行动和结果、抵制和尊重、批评和反对等。很多时评文章都存在因果关系的割裂，要尽量远离。

第四步：找到可信的基准线。最佳实践和业内标准被很多人长时间验证过，是值得信赖的，而且覆盖到很多你可能没有考虑到的问题。与国际通行标准接轨，更容易进步。智者建桥，愚者建墙，开放包容的沟通心态比封闭敌对的抵制心态更可取。但需要警惕的是，很多人倾向于仅在对自己有利的时候找弱势的一方对标，这会造成基准线混乱。

第五步：开启更为深入和高维度的思考。在亚马逊，如果线上系统出现故障，需要写一个修复报告，并且在报告中说明五个为什么。这个要求可以让员工摆脱浅度思考，不断追究问题的本质，并且为了达到目的而做大量的调查和研究。当你看到出乎意料的事件发生时，需要思考它为什么会发生，然后将可能的原因一一列出，不断追溯和考证下去。这和写程序一样，只有对正向案例和负向案例进行细致分析，才可能写出“健壮”的代码，才会得到一个“健壮”的答案或架构。

需要注意的是，五步思考法倡导的是一个“慢思考”的过程。因为独立思考需要调用大脑中的“慢系统”。而慢系统是反人性的，因此能真正做到独立思考的人很少，很多人只是在毫无章法地思考。

学会正确地思考，就能分辨信息的真伪，进而改善自己的思维方式和言行。虽然这不等同于获得真理或真相，但是能明辨是非就不会盲从和偏信，也不容易被人煽动，从而超出绝大多数普通人。以下是我个人对如何思考形成的一些实践经验。

- 不讲客观事实而充满主观观点的新闻报道不可信。
- 没有充足的权威论据的评论性文章不能完全相信。
- 不是当事人或见证人，却装作知情，这样的人不值得信任。
- 有意屏蔽或不公开信息源的信息不应该被视为可信的信息。
- 非黑即白的观点通常是危险的。应该多看不同角度的报道和评论，多收集信息，多问为什么。

变得更好的窍门

有些人认为，好的程序员必须掌握多种编程语言和高级技术，这不无道理。但归根结底，无论使用什么技术或语言，编写出来的程序都必须符合需求，并且尽可能无错且高质量，这是一个好的程序员应该追求的境界。

一个能力普通的程序员只要有足够多的时间做测试，也可以保证代码的质量。因此，有人认为，要实现高质量的代码，只需足够的测试时间。这在以结果为导向的商业软件开发中是成立的，看看汽车制造商在测试上花费的时间多么惊人。

然而，显而易见的是，所有已经交付的项目都是在不完美的条件下完成的，而且几乎都是在最大化程序员开发速度的情况下完成的。在许多情况下，由于深度测试和压力测试不足，程序员只能祈祷匆忙完成的代码可以正常工作。特别是在急于上线产品时，这种唯心主义的价值观更加突出。实际上，开发速度和软件质量并不矛盾。好的程序员不一定是技术最强的程序员，但一定是能够在不完美的工作环境下确保软件质量和工作效率的程序员。以下五种工作行为，与程序员掌握的语言和技术无关，但适用于所有行业，也许可以让你成为好程序员。

- 寻找不同观点。很多程序员不仅不喜欢“技术异见人士”，还特别喜欢为自己的技术主张争辩。但是，他们忽略了“观点碰撞”的价值，从不同观点中学习和取长补短才能更好地理解编程和技术。在编码之前，多问自己这样做对不对；在编码之后，多问自己还能不能改进。我们应该努力寻找不同的观点或方法。讨论不同的实现方法和技术观点是为了取长补短，然而有的人害怕请教别人时会被看不起，而有些被请教的人也急于贬低对方的能力。如果身处这样的团队氛围中，可以多上网和陌生人讨论，以便尽情地问一些“愚蠢”的问题。只有一个观点才可怕。因为没有比较就无法确定是否还有更好的方案。真正的和谐不是只有一种声音，而是百家争鸣，接触不到新的观点自然无法进步和成长。
- 千万别信自己的代码。在任何时候都要高度怀疑自己的代码，错误往往都是自己造成的，而且很多都是疏忽大意造成的低级错误。当代码出现问题时，要仔细检查所有可疑的部分，不要因为某段代码简单就忽略它。在调试过程中要避免过早下结论，以免不当修改代码。先锁定可能出现问题的代码段，通过查看代码捋清程序的逻辑，然后调试并验证程序的逻辑和运行时变量是否正确。再难的问题，都可以通过认真回顾和审查所有代码得到解决。只有对自己的代码高度怀疑，才会思考如何使其更快、更稳定地运行，才会在单元测试中不遗余力，最终为忙碌的项目开发节省时间。相信我，在集成测试中修复错误的成本要比在单元测试中修复错误的成本高得多。解决内存泄漏就是一个常见的例子。程序员必须始终对自己的程序保持警惕，才能变得更加成熟，在技能上越来越过硬。

- 思考和放松。尽量不要让自己手忙脚乱，要学会在工作中享受。否则压力过大会影响工作成果，形成恶性循环。我个人认为，思考和放松可以完美地统一，因为思考就是一种放松。好的程序员不是只知道埋头苦干，而是善于总结成败得失、善于调整和放松。总之，深思熟虑可以保证工作质量，虽然看上去工作节奏变慢，但其实能节约大量时间。
- 了解历史与跟上时代。比起十年前，今天的编程语言或开发技术已经有了大幅改进。以前需要自己开发的功能或函数，现在可能已经被整合到语言中，并且更好用。以前需要一百行代码才能实现的功能，今天只需要一行代码。所以，你必须跟上时代。虽然只要擅长使用现下的语言和技术就很容易跟上时代，但不要忘记技术更新和淘汰的速度非常快。而了解历史的价值正在于此。要了解的不是 IT 供应商的历史，而是整个计算机文化的历史。了解历史上出现过的问题和历史上的技术出现的原因，才能更好地理解新技术及其发展趋势。学习历史和跟上时代同样重要。使用新技术和接受相关培训可以更快、更高效地工作，而学习和总结历史可以在不确定的世界中找到方向。
- 积极推动测试活动。只有通过测试才能证明软件可以正常工作，才能保证软件的质量。测试不充分的产品，质量往往不会太好。因此，想证明自己的程序写得好，请拿出实实在在的测试报告。好的程序员应该在整个软件开发过程中积极推动项目组进行测试活动，包括技术需求阶段和设计阶段。技术需求怎么测试？用户案例就是测试案例。要发布的所有产品或功能都必须进行测试，因为对于有的产品，保证质量有时比实现需求更重要，比如航空装置和医疗急救设备这些关系到人命的产品。

以上思维方式和工作习惯能帮助个人在不完美的工作环境中更好、更快、更高效地工作，下面，再来看一些可以帮助我们在众多程序员中脱颖而出的具体方法。

提升个人竞争力的“最佳实践”

有竞争力是结果，而超过大多数人是一个循序渐进的过程，且是有迹可循的。

1. 信息获取

- 使用百度搜索引擎查找信息，订阅微信公众号或关注“知乎大V”，挤进专家的社交圈，都无法代替系统学习。
- 被推荐算法操纵的个性化新闻平台或短视频平台，是抢占个人自我提升时间的元凶。
- 热衷于追踪“职场八卦”和参与观点争论会让人的心态产生微妙的变化，甚至让人欲罢不能。
- 英语对于程序员的价值永远不会被高估，甚至可以被视为超越别人的捷径。
- 认知和知识是两回事，开阔认知不等同于学习，前者往往只能带来成长的幻觉。
- 过度强调利用碎片时间学习，会让我们习惯“吃快餐”，丧失精读好书的耐性。
- 抓不住重点地迷恋“有价值的网络学习资料”，只会让人成为热门文章或热门电子书的“收藏家”。

- 越枯燥的基础理论和硬核知识，越不应该死记硬背，要找到学习的乐趣和可持续的学习方法。
- “摆弄玩具手枪”很容易，“操控重型武器”很难，后者才是我们的专业。
- 喜欢不劳而获的“伸手党”，无法在工作和学习中思考。
- 认为做出来就好而对结果不必追求精确和优雅的人，会沦为劳动密集型程序员。
- 要努力寻找高阶思考、高效率学习和高质量工作的感觉。
- 读书不是集邮，切忌求多求快、囫囵吞枣，要多多思考、总结或实践。

2. 认知格局

- 用拼命加班来完成任务可能不是普通程序员成为高级程序员的通路。
- 要看大局，扩大认知范围，不要只盯着眼前的“一亩三分地”。
- 不要听信炒数字货币这类“财富神话”，它们都是离程序员很近的“赌博陷阱”。
- 很多事情没有捷径，21 天学不会机器学习，区块链也无法颠覆世界。
- 很多励志故事都是小概率事件，掌握更多高端的知识技能才能更接近成功。
- 程序员群体中也有“攀比风”和“鄙视链”，内心要足够强大，以免走上歪路。
- 过于稳定或过于“内卷”的地方，都不利于程序员的快速成长。
- 技能和知识更新的及时性和准确性是竞争力的重要体现。
- 在做决定时，多关注自己能得到的东西，而不是可能会失去的东西。
- 想要找理由，总是可以找到的，不为失败找理由是一种优秀品质。

这些“最佳实践”看上去并不高深，但只要能完全避开与其相对的陷阱，你就已经是为数不多具有竞争力的程序员。

四步实现竞争力跃迁

普通人想要超过他人，应主要培养两种能力：一是在工作领域立足的能力，包括认知、知识和技能；二是在工作领域领跑的能力，包括领导力。通过学校、培训或书本，“零散的认知”被转化为“系统的知识”，而将知识转化为技能则需要通过训练和实践。对技能提高标准，以拉开自己和其他人的差距，也就形成了领导力。这个转换过程会耗费个人很多的时间和精力，而且对个人的学习能力和动手能力有一定要求，其间每个关卡都会过滤掉很多人。比如，遇到非常枯燥的底层原理，大约有 90%的人会放弃，因为学习底层原理考验的不是智商，而是耐心。

1. 认知

- 信息渠道。掌握优质信息源是关键，因为二手信息已经被别人解读过，在传递过程中可能会出现错误和失真，甚至会被人篡改（也就是“中间人攻击”）。接受“投喂”的人则可能困在信息的底层。例如，学习编程语言，放着语言发明者的名著不用，却要用错误百出的劣质书，能有什么好结果呢？
- 信息质量。主要体现在信息中的“噪声”和信息的质量等级。关于大数据处理，业内有一句名言：“无用输入，无用输出。”（Garbage In，Garbage out）如果天天看劣质信息，那么思想和认识不可能不受影响。因此，为了优化认知，必须花费大量时间来挖掘和处理有价值的信息。
- 信息密度。优质的信息通常密度很大，因为这些信息会驱使你搜索、学习与之相关的知识，帮助你沉思和反省，并且让你进一步去推理、验证和实践。一般来说，经验性的文章比知识性的文章更具有这种功效。例如，《Effective C++》《UNIX 编程艺术》等书的信息密度都很大，Netflix 的官方 Blog 和 AWS CTO（亚马逊云服务的首席技术官沃纳·威格尔）的 Blog 等也有不少信息密度很大的好文章。

2. 知识

- 知识树（图）。对任何知识，要想系统地学习，就需要将其总结归纳成知识树或知识图。知识由多个知识板块组成，一个知识板块又包含各种知识点，一个知识点会引出相关的知识点，各知识点彼此交叉和依赖。所谓系统学习，就是针对知识树（图）进行的学习。尤其是在陌生的领域，知识树相当于地图，没有地图，学习者就会很容易迷路或走冤枉路！对于一棵树来说，“根基”非常重要，基础知识的重要性正在于此。
- 知识缘由。任何知识都是有来龙去脉和前世今生的，能够知其所以然对于提升个人竞争力往往更有优势。只凭借记忆去学习，一般而言效果不会好。也有不需要了解缘由的操作性知识，比如一些函数库的用法，学会查文档即可。
- 方法套路。学习的终极目标不是找到答案，而是找到方法，在数学中就是找到解题思路。例如，会用方程式和不会用方程式在解题效率上有天壤之别，而学会用微积分又可以降维打击其他套路。简而言之，掌握高阶的方法、套路就拥有了核心竞争力。

3. 技能

- 精益求精。用相同的方法重复训练无异于“搬砖”，是无法拥有最专业的技能的。要在每一次训练中寻找更好的方法，并且总结经验，从而使下一次训练更完美和更有效率。

- 让自己犯错。犯错是一个能让人反思，能让人吸取教训，并且去主动寻求更精确的结果的过程。而犯错有利于成长的另一个原因是，被人鄙视、嘲笑的压力会成为自我提升的动力。但千万不要重复同一个错误！
- 找高手切磋。这在各领域都是提升技能的捷径，近距离观摩和感受高手让人不可思议的思路、技能和方法，会为我们打开一扇扇新的大门！

4. 领导力

领导力也就是影响力，既与一个人的野心和好胜心有关，也与一个人为自己设定的下限标准和上限高度有关。

- 识别自己的特长和天赋。理论上每个人都有优秀的基因，而特长或天赋体现在周围的人都会向你请教、求助某方面的问题，或者别人在某方面要非常努力而你却毫不费力。一旦拥有这样的特长或天赋，就要尽可能扩大领先优势，直到成为孤独的领跑者。同时，注意远离会限制你优势的地方——如果你是一条鱼，就不要在陆地上与人比拼。
- 识别自己的兴趣和事业。“Linux 之父”Linus Torvalds 在校期间对 Minx 系统着迷，最终缔造出 Linux 系统。兴趣驱动往往可以让人产出最惊人的成果。但真正的兴趣很稀缺，所以绝大多数人只有职业而没有事业。那种愿意让人为之付出一辈子的，那种让人无论有多大困难都要与之“死磕”的，才是真正的兴趣。真正的兴趣承载着“野心”和“好胜心”，很有可能成为一个人的终生事业。
- 让自己的习惯和方法变高级。是否可以比绝大多数人更自律、更有计划性、更有目标性？比如，每年学习一门新的语言或技术并参与相关的顶级开源项目，每月学习并掌握一种算法，每周阅读一篇英文论文并做好笔记……是否可以在方法上超越别人？比如思考、学习、时间管理、沟通等软实力相关的方法，以及解决问题（Trouble Shooting 或 Problem Solving）、设计、工程、编码等硬实力相关的方法。更高级地，可以尝试自己发明或推导新的方法。

- 勤奋与执着。我悟性不高，别人一个月能学会的技能，我至少需要一年，但“一万小时定律”让我最终赶了上来。也许聪明人可以坐直升飞机绕过障碍，笨人却只能愚公移山。好在生活中存在许多懒人，我们不需要超越聪明人，只要超越那些懒人就可以了。

有竞争力的程序员是会思考的程序员，是愿意找窍门的程序员，是勇于实践的程序员，是持续自我提升的程序员，是阅读本章内容时频频点头的程序员。

06

成长中的问题

好的技术应该支持用更少的成本获得更好的产品。良性的成长也符合这一规律，用尽可能少的时间、实践和试错成本，获取尽可能完善和强大的技术能力。

选广度还是深度

选择源于目标。比如，程序员应该更关注业务还是技术，我的答案是：如果想创业或是想对行业有更深入的了解，那么应该更关注业务。毕竟我国是一个技术应用大国，成功的公司大多有赖于此。如果想成为一名技术专家，那么不妨专注于技术。

回到深度和广度的话题。在我看来，广度是深度的副产品，只要深入探究，自然会拥有广度。

举个例子，前端工程师想在技术上有所精进，需要做些什么呢？首先，至少应该先成为一名网络工程师，熟悉网络知识，了解浏览器的渲染原理和网络数据传输。然后，要知道后端是如何响应前端请求的，这样知识面才会随之扩展。只要不浅尝辄止，鱼和熊掌可以兼得。

很多重要选择都要考虑目标。比如，跳槽意味着拥有更大的舞台和更多的施展空间，如果这是你的目标，那就不必犹豫。

至于钱，钱并不是最重要的。既然选择了打工这条路，月薪的差别一般不会很大。因此，应该关注更有竞争力、发展前景也更明朗的岗位。这样，未来的路才会越来越宽，也不用担心被裁员。

如何保证工程进度

在开始实施前，先仔细思考解决方案，这有助于确保进度。确定方案是必要的，因为返工甚至推倒重来最影响进度，也最浪费时间。

首先，解决方案是自己拍脑袋想出来？还是借鉴“最佳实践”或前人经验呢？我的经验是，最好能站在巨人的肩膀上，使用标准的工具，采用许多人都验证过的“最佳实践”。

其次，在做技术决策时，是否能找到数据来支持决策？“这样做可能会更好”或“用户应该会喜欢”这类猜测可能带来错误的假设。

最后，尽量将长线任务拆分为能在一周内完成的多个子任务，因为越容易实现的任务越能调动执行力。可以在一周内完成的任务是最合适的。如果一个任务需要两周完成，那么团队的执行力就会下降。如果一个任务需要一个月才能完成，那么团队基本上就不会有执行力。超过三个月的任务基本无法顺利完成。所以，尽可能将任务拆分为团队可以在一周内完成的多个子任务，这对于任务的顺利执行非常重要。

如何良性地工作

计算机专业的毕业生有很大的职业选择空间，计算机专业不是一门让人仅为了谋生而存在的专业。

为了生计，我也曾经不停地加班，每天都在想如何离开不合适的地方。为了准备新公司的面试，我每天晚上至少要看半小时的书。为了更良性地工作，你必须和不合理的加班做斗争，和扭曲你的生活作息或滥用你时间的安排做斗争。我会有意识地推掉一些不合理的工作安排，告诉领导我能完成的工作，因为我还需要学习和做其他事情。如果领导关心你、公司重视你，大家就一起前进，否则不值得勉强同行。

你的专业技能并不是只能用在一家公司。你不需要特别出类拔萃，但只要你学到的技能比较扎实，就足以通过很多公司的面试。这样你就可以选择适合自己的公司和岗位。

如何跟上技术迭代

技术更新的速度越来越快，紧跟技术前进的步伐这件事的难度就越来越大。此时，或许可以选择另辟蹊径，关注不怎么变化的部分，比如基础知识。原因是虽然很多基础知识多年来都没有太大变化，但是它们同样重要，甚至变得更加重要。可见，在变化中找到不变的东西很重要。

那什么是不变的东西呢？计算机基础知识、操作系统的原理、编程范式、算法结构和数据结构，等等。无论编程语言如何变化，这些基础知识都是不变的。

学习这些基础知识可能会很枯燥，但对于想要深入学习计算机技术的人来说，它们是必须要掌握的。当你打好基础后，学习上层的知识就会变得比较容易。

如果只浅显地学习一门技术，那么当技术发生变化时，你就会感到无所适从。而具备扎实的基础，你的学习能力就会提高，从而在新技术出现时才有可能以不变应万变。

比如，很多人跟不上云原生的变革，我可以从基础原理的角度来做出解读。云计算解决的是中间件、服务器、存储层面的运维，且云计算上的开源软件只提供源代码，不能解决应用的高可用性问题。云原生则可以解决应用的高可用性问题。云计算提供的是中间件的服务，而不是应用的架构。云原生则通过微服务架构和容器化技术解决了整个应用架构的稳定性问题。在云原生环境下，只要软件架构设计得好，基础架构相对而言就没那么重要。云原生作为新的力量，将颠覆云计算领域的格局。所以，尽管云计算总是宣称自己的基础架构高可用，可以保证用户的应用高可用，但事实上，只有软件架构高可用，基础架构才能高可用。

另外，想跟上技术迭代的速度，技术的交流也很重要。以曾一度在国内走热的可观测性为例。在国内走热前，由于对分布式系统很重要，可观测性在国外已经火了很长时间，我 2016 年创业，做的第一个产品就是关于可观测性的。国内之所以后知后觉，可能是受信息茧房所困。所以，多读英文文档、多参加英文社区的讨论，对跟上技术的发展速度也有立竿见影的效果。

技术人的创业赛道

很多人想找创业的新路子，就是所谓的蓝海。对此，我的建议是一定要选择红海。因为红海一般是大公司竞争的领域，大公司激烈竞争，说明该领域的资本较多。事实上，“教育”用户的成本远高于做产品的成本。如果你的新产品是用户从来没用过的东西，你就必须通过“烧钱”来改变用户的习惯，而这通常只有大公司才能做到。

因此，较为成熟的一种创业方式就是锚定大公司挣钱的领域。你要看到，你想做的这件事情已经有公司在挣钱了，那就说明商业模式已经成形了，人们已经在往里面投入资金了。懂技术的人只需要做一件事，那就是把技术的成本降低。一件产品，如果大公司卖 1 万元人民币，你卖 5000 元人民币，甚至只卖 100 元人民币，那你很快就能赢得市场。

用户从来不会拒绝廉价的产品，哪怕产品的性能、指标不尽如人意。只要产品有成本优势，总能找到合适的场景。例如，用户想写一个留言板或聊天室的程序，这时是不需要 Oracle 这样的商业数据库的，用开源的 MySQL 就可以。

此外，要关注用户的黏性，其中一种方式就是，让用户在弃用产品时必须付出较高的沉没成本。比如，用户把笔记类数据存放在产品里，在弃用产品时需要将数据导出来，否则数据就会丢失；家人或团队使用同一个产品，在弃用产品时需要一群人共同做出决定，这较为困难。

我个人认为，协作型软件会是一个赢利的方向，Adobe 的单机版软件未来可能会被在线版的协作软件代替。尽管个人很难写如此复杂的软件，但是可以为某些厂商的应用市场写插件。应用市场天生就有流量，只要你的插件定位不太偏，是很容易赚到钱的。我认识一个国外的年轻人，他在 Conference 上做了一个 URL 的小插件，后来他在社交平台上分享了这个小插件产生的高达几万美元的税单，可见这个小插件的收益非常惊人。

算法面试之弊

我反对纯考算法的面试。能够解决算法问题并不意味着有能力在工作中解决其他问题，这就好比奥数能手不见得能解决实际数据库问题。

微博上曾有一道“找出无序数组中第二大的数”的题目。关于解法，几乎所有人都使用了 $O(n)$的算法。其实，对于接受过应试教育的人来说，不用排序算法而使用 $O(n)$算法是很正常的事，我甚至认为 $O(n)$算法是这个题目的标准答案。可见，我们太相信标准答案了。你的思维习惯于依赖某个标准答案，但是标准答案会阻止你思考，从而使你的思维固化下来。

试想一下，如果在实际工作中遇到这样一个问题，我们会怎么做？我一定会先分析这个需求，因为担心需求未来会改变。今天的需求是找第二大的数，明天可能找第四大的数，后天可能找第一百大的数，需求变化是很正常的事。分析完需求后，我会很自然地去编写查找第 *K* 大的数的算法——难度一下子就提高了。

很多人可能会认为，实现查找第 *K* 大的数的需求是一种“过早扩展”的思路，但实际上并不是，在实践中我们写过太多这样的程序了。你一定不会设计出 Find2ndMaxNum(int* array, int len)这样的函数接口。相反，你应该声明一个叫作 FindKthMaxNum(int* array, int len, int kth)的函数，把 2 当成参数传进去。这是最基本的编程方法，在数学里叫代数。

性能等非功能性需求通常不是最重要的。在解答算法题时，我们太注重算法的时间和空间复杂度了，想要在时间和空间方面找到最优解。受这个思维影响，我们只会机械地思考算法内部的性能，而忽略了算法外部的性能。

对于“从无序数组中找到第 *K* 个最大的数”这个问题，使用 $O(n)$ 的线性算法很常见。事实上，STL 中的 nth_element 函数也可以用来求解第 *K* 大的数。它利用快速排序的思想，从数组 S 中随机选取一个元素 X，并且将数组分为 Sa 和 Sb 两部分。Sa 中的元素大于等于 X，Sb 中的元素小于 X。这时有两种情况：Sa 中元素的个数小于 *K*，则 Sb 中第 *K*-|Sa|个元素即为第 *K* 大的数；Sa 中元素的个数大于等于 *K*，则返回 Sa 中的第 *K* 大的数。其实现复杂度接近于 $O(n)$。

当谈到性能时，通常每个人都会问：请求量有多大？如果 FindKthMaxNum()的请求量为 *m* 次，则使用 $O(n)$复杂度算法的最终复杂度为 $O(n*m)$，这一点学术派永远想不到。

根据上面的需求分析，有软件工程经验的人的解决方案通常是：将数组从大到小排序；找到第 K 大的数只需访问 array [K]。

一次排序的复杂度只有 $O(n*\log(n))$，之后 m 次对 FindKthMaxNum()的调用都只有 $O(1)$的复杂度，整体复杂度反而成为线性的。

实际上，上述解决方案还不是工程化的最佳解决方案，因为在真实业务中数组中的数据可能会发生变化。如果使用数组排序，一旦数据有更改，会强制对数据重新排序，这将非常耗费资源。因此，如果有许多插入或删除操作，还可以考虑使用 B+树。

工程化的解决方案具有以下特点：

- 非常容易扩展。因为数据已排序，可以轻松应对各种需求，例如找出从第 K_1 大到第 K_2 大的数。
- 规整的数据会简化算法的复杂度，从而改善算法的整体性能。
- 代码变得清晰，且易于理解和维护！

做技术工作的基本修养

我不喜欢技术含量不高的工作。当年和亚马逊人事通电话的时候，我一定要确认到底是电商部门还是云计算部门想请我去，因为我不想做没有任何技术含量的业务系统。其他人都在研究 Windows，而我在研究 UNIX、C 和 C++。为什么我不想做桌面系统？因为桌面系统的业务逻辑没有后端的那么强大。但最终我还是做了银行交易相关的业务系统，只是我的关注点仍然放在比较深、比较纯粹的技术上。

在亚马逊工作时，我发现同事们都在用算法和技术来解决问题。据我所知，国内公司都是用运营来解决问题的。这让我意识到，在技术上精耕细作的确可以降本增效。比如，在亚马逊的工厂里，算法指挥工人干活，对此我大受震撼。直至今天，我们正在把人变成机器，而机器正在努力通过 AI 技术变成人。

一定要去做可以让自己与众不同的事情。只要是有技术含量的事情，给的工资再低、职位再差我也愿意干，因为把技术练熟后，才有可能成为各公司争抢的那个人。

不过，比起公司，我更看重职业和行业。再好的公司，如果是劳动密集型企业，你也会变成一个编码工人。而理想的职业会让你关注用计算机应用技术和软件技术可以解决哪些前沿的问题，做出哪些能改变人类的事情，以及如何改变行业的历史进程。

如何选择技术

选择一项技术，以确定自己未来的发展方向，要考虑几个条件。

- 这项技术是否已被大公司使用？大公司是否投入了时间和金钱来支持这项技术？
- 这项技术是否有“杀手级”应用？也就是说，用它开发的某个产品是否出类拔萃？比如，LAMP 就是一个小型外部网站的开源解决方案。
- 这项技术的社区是否有热度？不管它是开源还是闭源技术，其所在社区的发展态势如何？
- 是否有其他人为这项技术做出贡献？其他软件是否与其兼容？对于该技术，是否有标准委员会？这些都说明了技术生存与发展的基础条件。

满足以上两个条件的技术，可选择；满足以上三个条件的技术一定会很火；如果以上四个条件都满足，那么这项技术就是未来。比如，Java 满足以上四个条件，技术社区十分火爆，Go 语言也类似。相比之下，PHP 不被很多人看好，大公司甚至几乎不再使用 PHP，但是由于其所在社区的生命力顽强，其本身还有“杀手级”应用 LAMP，所以可以继续成长。

Rust 语言在前几年其实并没有满足以上条件，但现在有些大公司已经开始使用该语言，谷歌的安卓系统也选择了 Rust。有了大公司的支持，原本不是很好的社区生态也逐渐繁荣起来。

K8s（Kubernetes）是必须要学的。因为你学的不是这个软件，而是其运维范式和方法。K8s 的运维思路和 Spring Cloud 有很多相似之处，有其不变的设计模式和方法论，不容易过时。

同时，在拿时间和精力投资一项技术前，需要做大量的调研工作。比如，在领英等求职平台上跟踪该技术相关的全球职位的变动趋势，或者调查主流公司和整个行业对技术的使用情况。哪项技术的招聘岗位多或岗位薪资高，或者哪些招聘相关岗位的公司体量大，通过大数据挖掘就可以得到答案。

一项技术有生命力，不一定是因为它出色，有可能是因为顶尖公司对其投入了资本。要去看一项技术有多少投资人和公司投入，投入的资源有多少，投入的周期有多长，最终还要看公司和投资人有没有赚到钱。顶尖公司拥有最聪明的一群人，他们做出的判断和分析比较靠谱，看走眼的情况不多。

比如，想知道 AR 技术、VR 技术的行业前景，可以按照我建议的方法进行调研。计算机原本用来处理输入和输出，从文本、图片到视频，输出的形式越来越高级。而 AR、VR 作为更高级的输出形式，有可能会符合用户的最新需求。更高级的输出对更大的算力、带宽和数据量有要求，而由于计算机硬件要处理的数据量越来越大，正好在持续提升算力、带宽和存储能力，二者不谋而合，可见 AR、VR 有前景。如果有招聘职位数量和大公司资金投入等数据作为支持，得到的结论会更加准确。

ChatGPT 的峥嵘未来

在 ChatGPT 刚开放试用的时候，我用它写了一篇介绍 eBPF 的文章，结果错误百出。当时 ChatGPT 生成的内容完全不可靠，在试用了一段时间后，我对它有了如下认识。

- ChatGPT 不是基于事实的，而是基于语言模型的。对它而言，事实并不重要，重要的是能读懂问题并按照套路回答。
- ChatGPT 并不能保证内容正确，只能呈现精彩的回答套路。它的长处是组织内容，具有一定的表达语感，但它的回答往往不深入。就像微软的 AI 助手 Copilot，只能写一些常规的格式化代码。
- ChatGPT 是一个语言模型，如果得不到足够的数据和信息，它基本上只能胡编乱造。

从发展的角度来看，ChatGPT 这类 AI 工具可以成为小助手。它们确实可以完成一些初级的脑力工作，但它们还不能取代专业人士。不过它们的工作很有价值，因为处理大量初级工作确实需要花费时间和精力。只是 AI 工具成为小助手的前提条件是——ChatGPT 所生成的内容必须是真实可靠的。

再从另一个角度谈谈 ChatGPT。在微软召开发布会后，谷歌搜索引擎的霸主地位受到前所未有的挑战。

搜索引擎的价值在于提供知识或信息索引，寻找服务供应商，以及用排名算法筛选准确可靠的信息。但由于搜索引擎的功能主要基于关键词而非语义，因此它无法了解用户的真实需求，而且只能通过不断添加或调整关键词来提高信息的准确度，或者对查找到的信息进行二次或多次过滤，最终去伪存真。

由于搜索引擎只能呈现内容，无法解读内容，因此用户需要花费大量时间来阅读和理解查找到的内容，在大多数情况下还必须面对如下糟糕体验。

- 打开链接且读了一大半的内容之后发现需要的内容不在其中，只能再打开另一个链接。
- 想要的内容在链接中，但是其中的内容太晦涩，想要理解内容需要借助更友好的版本。
- 想要的内容不完整，需要用多个链接和网页来完成“拼图游戏”。
- 信息无法以结构化的方式呈现，搜到的全都是碎片信息。

再者，搜索引擎没有“上下文关联”的功能，两次搜索之间没有交互，因而信息会出现分支，这个分支还只能由用户自己管理。每次出现较为复杂的搜索任务，这个过程就会产生很多支线任务。比如，在制订旅游计划时，用户需要从多个搜索结果中获取需要的信息，最终自己去组合出定制化的内容。

如果把搜索任务交给 ChatGPT，那么基于 ChatGPT 的下一代搜索引擎可以解决如下问题。

- 由 ChatGPT 解读用户输入内容的语义。
- ChatGPT 可以在众多搜索结果中更准确地找到用户想要的内容。
- ChatGPT 可以负责整理，将多个网页的内容整合为结构化内容。
- ChatGPT 可以生成摘要，把长文总结为更易读的短文。
- ChatGPT 可以进行上下文对话，支持有更多关键词的搜索场景，并能在同一个主题下生成、组织和优化内容。

结合搜索引擎能精准查找内容这一优势，ChatGPT 的能力被完全释放出来了。因此，微软的“Bing + ChatGPT”工具将成为 Google 有史以来最大的挑战者。所有与信息或文本处理相关的软件应用和服务都将因 ChatGPT 而重生，这将是新一轮的技术革命—— Copilot 一定会成为下一代软件和应用的标配！

与 ChatGPT 需要成长一样，程序员也应该厚积薄发。成长难免遇到问题，但解决这些问题既是成长的原因，也是成长的结果。可以说，它就是成长本身。

07

程序员修炼之道

本章由一个程序员新手（酷壳站 id：Mailper）和我这个老手共同编写，分享了我们的学习经验，讨论了程序员的职业发展之路，也提到了人生追求。

准程序员应该知道的

很多人从学校毕业的时候只做过像小玩具一样的程序，走入职场后却开始抱怨学校的课程太理论化、实践项目不实用。没错，的确应该从实践需求出发，以下是我对学生群体的建议。

- 不要乱买书，不要乱追新技术、新名词。基础知识需要长时间去积累，因为它们至少在未来 10 年内仍然通用。
- 回顾历史，厘清技术发展的时间线，才能预测技术发展的方向。
- 一定要动手实践，即使例子很简单，也要自己动手编写一遍，并确保理解了其中的细节。
- 学会思考，思考为什么要这样做，而不是那样做，还要能够举一反三。

你也许会不理解，为什么下面的内容侧重 UNIX/Linux 操作系统。这是因为，基于如下原因，Windows 操作系统下的编程在未来可能没有前途。

- 现在的用户界面几乎被 Web 和 iOS/Android 移动平台主宰，

Windows 的图形界面没那么受欢迎了。

- 越来越多的企业使用成本低且性能高的 Linux 和各种开源技术来构建系统，而 Windows 的成本太高了。
- 微软的产品变化太快，版本不够持久，程序员的节奏容易被变化所影响。

因此，我个人认为，未来前端的编程方向是 Web+移动，后端的编程方式是 Linux+开源。开发领域基本上没有 Windows 什么事情了。

有一个程序员的样子

1. 学习一门脚本语言

学习一门脚本语言，例如 Python 或 Ruby，可以让人摆脱对底层语言的恐惧。脚本语言实在太方便了，下面这些马上就能用来解决问题的小程序，用非脚本语言来编写非常不便，用脚本语言则可以快速实现。而且，还能顺便学会 Print 这类简单直接的调试方式。

- 处理文本文件或 CSV 文件（如 Python CSV、Python Open、Python Sys）的工具，可读取本地文件，并对其逐行处理（例如单词计数或日志处理）。
- 遍历本地文件系统（sys、os、path）的程序，可统计一个目录下所有文件的信息，并按各种条件排序和保存结果。
- 与数据库（Python SQLite）交互的小脚本，可统计数据库里的数据条目数。

2. 掌握一种主流编辑器（非 IDE）和一系列基本工具

使用这些工具不是为了炫耀，而是因为这些编辑器可以帮你更快捷、高效地查看和修改代码、配置文件和日志。比如，掌握 Vim、Emacs、Notepad++，学会配置代码补全、外部命令等，Source Insight 或 ctags

也需要熟悉。

3. 熟悉 UNIX/Linux Shell 和常见的命令行

对于程序员来说，虽然 UNIX/Linux 操作系统比 Windows 操作系统简单得多，但是 UNIX/Linux 的图形界面并不好用，有些情况下用 UNIX/Linux 操作系统会大大降低工作效率。对此，我给出以下建议。

- 如果使用 Windows 操作系统，至少要学会使用虚拟机运行 Linux。VMware Player 是免费的，也可以安装 Ubuntu 等其他的 Linux 发行版操作系统。
- 尽量少用图形界面。
- 学会使用 man 命令来查看帮助文档。
- 学习文件系统的结构和基本操作，如 ls、chmod、chown、rm、find、ln、cat、mount、mkdir、tar、gzip 等。
- 学会使用一些文本操作命令，如 sed、awk、grep、tail、less、more 等。
- 学会使用一些管理命令，如 ps、top、lsof、netstat、kill、tcpdump、iptables、dd 等。
- 了解 /etc 目录下的各种配置文件，学会查看 /var/log 下的系统日志及 /proc 下的系统运行信息。
- 了解正则表达式，学会使用它来查找文件。

4. 学习 Web 基础（HTML/CSS/JavaScript）和服务器端技术（LAMP）

未来必然是 Web 的世界，以下是入门阶段的学习建议。

- 养成浏览 W3School 网站的习惯。
- 学习 HTML 的基本语法。
- 学习 CSS，尽量掌握如何选中 HTML 元素，以及如何应用一些基本样式（关键词是 box model）。

- 学会用 Firefox+Firebug 或 Chrome 来查看优秀的网页结构并进行动态修改。
- 学习使用 JavaScript 操纵 HTML 元件，理解 DOM 和动态网页。
- 学会用 Firefox + Firebug 或 Chrome 来调试 JavaScript 代码（设置断点，查看变量、性能、控制台等）。
- 能在一台机器上配置 Apache 服务器。
- 学习 PHP，让后台 PHP 和前台 HTML 进行数据交互，对服务器响应浏览器请求形成初步认识，实现表单提交和反显的功能。
- 把 PHP 连接到本地或者远程数据库 MySQL，实现 MySQL 和 SQL 语言的现用现查。
- 学完一门源自名校的网络编程课程。不要觉得总课时长，用业余时间一定可以跟上。
- 学习 JavaScript 库（如 jQuery 或 ExtJS）、Ajax（异步读入服务器端图片或数据库内容），以及 JSON 数据格式。
- 读完 *HTTP: The Definitive Guide* 的前 4 章，了解用浏览器上网的时候发生了什么。
- 开发一个小型网站。例如一个简单的留言板，支持用户登录，Cookie/Session，增、删、改、查，上传图片附件和分页显示。
- 买一个域名，租一个空间，做一个自己的正式网站。

绕不开的硬核技术

1. C 语言和操作系统调用

重新学习 C 语言，理解指针和内存模型，并使用 C 语言实现各种经典算法和数据结构。学习建议如下。

- 学习麻省理工学院的免费课程：计算机科学和编程导论、C 语言内存管理。

- 学习 UNIX/Linux 的系统调用（可参考《UNIX 高级环境编程》），了解系统层面的知识：基于操作文件系统和用户，实现一个可以拷贝目录树的小程序；用 fork/wait/waitpid 编写多进程程序，用 pthread 编写带有同步或互斥关系的多线程程序，编写一个多进程的购票程序；用 signal/kill/raise/alarm/pause/sigprocmask 实现多进程间基于信号量的通信程序；学会用 gcc 和 gdb 等编译和调试工具；学会用 makefile 来编译文件；在高级编程中实践 IPC 和 Socket 的知识。
- 学习 Windows SDK 编程：编写一个窗口，了解 WinMain/WinProcedure 和 Windows 的消息机制；编写操作 Windows SDK 中的资源文件或各种图形控件的程序，并进行图形编程；学习使用 MSDN 来查看相关的 SDK 函数、各种 WM_消息及一些例程；不要抄袭书中的例程，试着编写自己的例程。由于 GUI 正被 Web 取代，因此了解 Windows 图形界面的编程即可，但做移动开发需要理解 GUI 的工作原理。

2. Java 语言

学习建议如下。

- 学习 JDK，掌握 Java API Doc 的使用方法。
- 了解 Java 这种虚拟机语言和 C 语言、Python 语言在编译和执行上的区别，思考“跨平台”在 C 语言、Java 语言、Python 语言中的应用。
- 学会使用 Eclipse 等 IDE 来编译、调试和开发 Java 程序。
- 搭建 Tomcat 网站，尝试用 JSP/Servlet/JDBC/MySQL 进行 Web 开发。尝试用 JSP 和 Servlet 来实现前面提到的 PHP 小项目。

3. Web 安全与架构

学习建议如下。

- 关注 Web 开发的安全问题。
- 学习 HTTP Server 的 Rewrite 机制、Nginx 的反向代理机制，Fast CGI 及其实现程序 PHP-FPM；学习 Web 的静态页面缓存技术；学习 Web 的异步工作流、数据 Cache、数据分区、负载均衡、水平扩展的构架。
- 完成实践任务：利用 HTML5 的 Canvas 制作 Web 动画；尝试对自己开发的 Web 应用进行 SQL 注入、JavaScript 注入及 XSS 攻击；将 Web 应用改为基于 Nginx、PHP-FPM 和静态页面缓存的网站。

4. 关系数据库

学习建议如下。

- 学习安装 MSSQLServer 或 MySQL 数据库。
- 学习教科书里的数据库设计范式，如 1NF、2NF、3NF 等。
- 学习数据库的存储过程、触发器、视图、索引创建等。
- 学习 SQL 语句，了解表连接的各种概念。
- 学习如何优化数据库查询。
- 完成实践任务：设计一个论坛数据库，使用 3NF 设计范式，要求可用 SQL 语句查询本周或本月的最新文章、评论最多的文章、最活跃的用户。

5. 开发工具

学习建议如下。

- 学会用 SVN 或 Git 来管理程序版本。
- 学会用 JUnit 来对 Java 进行单元测试。

- 学习 C 语言和 Java 语言的编程规范或编程准则。

编程知识图谱

我个人认为，要是能学好 C++，学好 Java 就不在话下，理解面向对象编程也是水到渠成的事情，然后就可以深入掌握系统的高级知识了。

1. C++ / Java 语言和面向对象

虽然 C++的学习曲线相当陡峭，但从某种角度来看，它是目前程序员最应该学好的语言。学习 C++的路径如下。

- 学习麻省理工学院的免费课程“C++面向对象编程”，阅读《C++ Primer》《Effective C++》等经典书至少两遍，对 C++的理解要达到较深的程度。
- 思考 C++的发明者为什么要这样设计 C++，对比 Java 和 C++的不同之处，比如初始化、垃圾回收、接口、异常、虚函数等。
- 用 C++实现一个 BigInt，支持 128 位的整型加减乘除操作；用 C++封装一个数据结构的容器，比如 Hash Table；用 C++封装并实现一个智能指针，一定要使用模板。
- 思考 23 种设计模式的应用场景。比如，为什么推崇组合而不是继承，为什么推崇接口而不是实现。
- 用工厂模式实现一个内存池；使用策略模式制造一个类，要求其可实现文本文件的左对齐、右对齐和中对齐；使用命令模式实现一个命令行计算器，要求支持 Undo 和 Redo；使用修饰模式为酒店实现定价策略，要考虑淡旺季、服务水平、VIP 服务、旅行团服务等影响价格的因素。
- 学习 STL 的用法及其设计理念，如容器、算法、迭代器、函数子，尽量阅读源码。

- 尝试用面向对象、STL、设计模式和 Windows SDK 图形编程等各种技能来做一个贪吃蛇或俄罗斯方块游戏，要支持不同的级别和难度。或者做一个文件浏览器，可以浏览目录下的文件，并可以对不同文件执行不同操作；且该文件浏览器可以编辑文本文件，直接执行可执行文件，播放 MP3 或 AVI 文件，以及显示图片文件。
- 学习 C++的一些类库的设计，如 MFC、Boost、ACE、CPPUnit、STL。
- 通过 Java 学习面向对象的设计模式，因为 Java 是真正的面向对象编程语言，其中的设计模式也数不胜数。
- 学习 Spring、Hibernate、Struts 等 Java 框架，从而理解 IoC 等设计思想。
- 重点学习 J2EE 架构及 JMS、RMI 等消息传递技术和远程调用技术。
- 学习使用 Java 来做 Web Service。
- 尝试在 Spring 或 Hibernate 框架下构建一个基于网络 Web Service 的远程调用程序，要支持在两个 Service 之间通过 JMS 传递消息。

学好 C++和 Java 都需要时间。深入研究 C++需要花费更多时间，而学习 Java 则需要广泛涉猎。建议选择其中一门进行深入学习，如有精力，建议深入研究 C++，同时学习 Java 的各种设计模式。

2. 加强对系统的了解

除了阅读《UNIX 编程艺术》，了解 UNIX 设计和开发的思想、原则与经验，理解 TCP、UDP 等网络编程知识，掌握以太网、TCP/IP 协议的运行原理及 TCP 的调优，还要完成以下任务。

- 理解阻塞（同步 I/O）、非阻塞（异步 I/O）、多路复用（Select、

Poll、Epoll 机制）的 I/O 技术；编写一个网络聊天程序，要求有聊天服务器和多个聊天客户端，且服务器端用 UDP 对部分或所有聊天客户端进行 Multicast 或 Broadcast 操作；编写一个简易的 HTTP 服务器程序；了解信号量、管道、共享内存、消息等 IPC 概念。

- 重点实践各种 IPC 进程间通信的方法；编写一个管道程序，支持父子进程通过管道交换数据；编写一个共享内存的程序，要求两个进程通过共享内存交换一个 C 语言的结构体数组。
- 掌握 CreateProcess、Windows 线程、线程调度、线程同步（Event、信号量、互斥量）、异步 I/O、内存管理、DLL 等要点。
- 用 CreateProcess 启动记事本或 IE 浏览器，并监控其运行。将之前编写的简易 HTTP 服务器改为线程池模式。编写一个 DLL 钩子程序，监控指定窗口的关闭事件或记录某个窗口的按键。
- 在掌握了多线程与多进程通信、TCP/IP、套接字、C++与设计模式的基本知识后，可以研究 ACE 编辑器。用 ACE 重写上述聊天程序和 HTTP 服务器程序（带线程池）。
- 编写一个服务器端程序，向客户端传输大文件，要求将 100M 的带宽利用率提高到 80%以上。注意，磁盘 I/O 和网络 I/O 可能会出现问题，请考虑如何解决，并且注意网络的最大传输单元 MTU。了解 BT 下载的工作原理，用多进程模拟 BT 下载的原理。

3. 系统架构

系统架构涉及如下核心技术。

- 负载均衡：HASH 式、纯动态式。
- 多层分布式系统：客户端服务节点层、计算节点层、数据 Cache 层和数据层。J2EE 是经典的多层架构。
- CDN 系统：就近访问、内容边缘化。
- P2P 式系统：研究 BT 和电驴的算法，如 DHT。

- 服务器备份：了解双机备份系统（Live-Standby 和 Live-Live），两台机器如何通过心跳监测对方，以及如何备份集群的主节点。
- 虚拟化技术：可像操作系统虚拟化一样用来切换或重新配置、部署应用程序。
- Thrift：一种二进制的高性能通信中间件，支持数据（对象）序列化和多种类型的 RPC 服务。
- Hadoop 框架核心的 MapReduce 计算机和 HDFS 文件系统：MapReduce 是任务的分解与结果的汇总，HDFS（Hadoop Distributed File System）为分布式计算存储提供了底层支持。
- NoSQL 数据库：MemcacheDB、Redis、Tokyo Cabinet（升级版为 Kyoto Cabinet）、Flare、MongoDB、CouchDB、Cassandra、Voldemort 等。由于超大规模及高并发的纯动态网站成为主流，同时 SNS 网站在数据存取过程中有实时性的刚性需求，因此 NoSQL 数据库正在取代关系数据库并逐渐成为主流数据库。

要学的技术真不少，要认真思考后再做选择。而且攻略里提到的都是久经考验的基础技术，只要学会就能找到心仪的工作。在互联网或 IT 领域，无论是打工还是创业，要想让自己和公司更值钱，技术实力首当其冲。

但技术毕竟是工具，不应该过度痴迷它，更不要“死读书”，要不时抬起头来看看技术以外的世界。比如，在关注如何使用技术的同时，还要琢磨某项技术为什么会出现并胜出。

程序员升级“里程碑”

20 岁到 30 岁是决定程序员未来的重要阶段，这个阶段的首要任务就是提升学习能力和解决难题的能力。你要练就的技能是解决大多数人不能解决的问题，这是埋头加班无法做到的。因此，即使天天被业务压得喘不过气来，你也要挤出时间来多掌握一些技术，这样才有机会改变“搬砖”的状况。

总结一下，在工作的第 5 年到第 7 年，你首先需要拥有高效的学习能力。这意味着你掌握了扎实的基础知识，能触类旁通，读英文文档毫不费力，也说明你有寻找前沿知识的能力，能够看到问题和技术的本质，善于思辨和独立思考。在此基础上，如果你见过很多场景，犯过或是处理过很多错误，能够做到“防火”而不是只会“救火”，那么你就拥有了解决问题的能力。

拥有这两项能力的人在团队中会表现出与众不同的特质。比如，当周围的大多数人都不知道该怎么办时，他总是能够站出来指明方向；当团队在做重要决定时，通常会先询问他的意见。这种特质就是领导力。一旦你在 30 岁左右具备了领导力，你的工作就会进入正向循环：由于学习能力强，你将有更多机会解决难题，从而学到更多技术，变得更强大。几年后，你人生的可能性将会大大增加。

需要注意，培养领导力必须先找到自己的长处和适合自己的环境。一般来说，这样的潜质早在在校期间就应该有所呈现，否则就要在工作阶段努力弥补自己与他人在能力、思维、眼界上的差距。从社交关系圈到工作团队，再到整个行业的人际关系网络，只要你的领导力辐射的范围够广，你个人发展的选择就会更多。

具备领导力的程序员可以追求三个职业发展的目标：在职场中奋斗（职场），去经历有意义、有价值的事情（经历），追求自由的生活（自由）。

程序员职业发展目标之一：职场

在职场中发展应该是绝大多数人的选择，通过加入一家公司有助于个人实现发展目标。在 18 年的职业生涯中，我曾经在银行、传统

IT 公司及互联网公司等各类小公司、大公司、民营公司、外国公司工作过。不同公司有不同的文化，不同性质的公司也各具特色。

1. 去顶尖公司

去顶尖公司的一个目标是扩大领导力的辐射范围。

不同公司的差距很大，普通公司的骨干去顶尖公司可能只是一个普通员工。因此，想在职场中实现个人价值最大化，一定要去顶尖公司。因为那里有更理想的工作模式和业务场景，必须亲身体验才能学有所成，而仅靠阅读或交流是难以快速成长的。在顶尖公司掌握的技能和拥有的眼界，是在普通公司难以企及的。

不同公司的岗位序列是可以换算的，比如一家公司的“P6”对应于另一家公司的“T7”，而 Google 或 Facebook 的高级工程师，可能相当于国内某家公司的“P8”。可见，顶尖公司的骨干很有可能成为普通公司的高管或核心成员。

2. 去真正的创业公司

部分技术能力强的人才在大公司可能会被埋没。这是因为，大公司不用担心招聘不到高级技术人才，有时可能会忽略个体的独特价值。而且这些公司的技术体系已经比较完整，需要解决的都是技术遗留问题，技术精英可发挥的余地不大。再者，成熟的公司更重视系统的稳定，整体思路趋于保守，不利于技术创新和个人能力的尽情施展。

因此，对于某些中高级人才来说，他们在大公司创造的个人价值可能远低于他们在求贤若渴、没有“历史包袱”、更为灵活的创业公司创造的个人价值。

然而，如果想去创业公司，需要小心、谨慎地挑选和评估。创业公司的不确定因素很多，创始人的影响权重也很大。因此，需要仔细了解创始人的背景和公司的业务、理念，以确定未来双方能否顺畅合作。有些创业公司抱有侥幸和趋利的心理，在选择时更要仔细甄别。

3. 职业生涯的发展阶段

有一个不争的事实，整个社会都会将最重要的工作交给 30 岁左右的人。如果你具备领导力，公司和领导会将重要的团队和工作交给你。因此，30 岁到 40 岁是不折不扣的事业上升期。为了抓住机遇，你需要具备如下的软技能。

- 带领业务人员的能力。
- 推行自己喜欢的文化的能力。
- 项目管理的能力——在时间紧、任务重的情况下保证交付。
- 沟通和说服他人的能力。
- 解决冲突的能力。
- 管理团队和激励团队的能力
- 解决突发事件的应急能力。

你需要开始关心并处理复杂的人事问题。尤其在大公司中，利益关系错综复杂，有些人的行动是由个人利益驱动的，大多数人的目标不一致，且每个人都有自己的想法。因此，你需要花费大量的时间观察和揣摩其他人，在他们之间周旋，而且这的确会占用个人创造价值的时间。"能说算不上什么，有本事就把你的代码给我看看"（Talk is cheap. Show me the code.）已渐渐远去，"代码是小事，能说才是本事"（code is cheap, talk is the matter.）将成为你的日常。

然而，"办公室政治"是不可避免的。技术领导者需要在下属和上级领导、员工和公司之间斡旋，要学会审时度势和妥协忍让，学会在适当的时机表现自己，学会处变不惊和隐藏锋芒。

高层之所以抽不出时间关注细节，正是因为他们需要协调整个组织和系统的运转，需要为了争取资源和发展空间而进行各种博弈。如果无心或无力参与这个游戏，那么最好去那些可以让程序员安心做技术的公司。一些国内的大公司表面上为技术人员提供了成长的职业路线，但实际上技术岗位的工作职责和能力要求更接近于管理岗位。

因此，技术人员在职场中要么成为真正的技术公司的专家，要么成为职业经理人。

程序员职业发展目标之二：经历

我先讲三个小故事。

- 有一天，阿里内网上的一个帖子引发了热议，帖子内容是一个做产品的女孩准备离职去法国学烘焙。
- 亚马逊的老板每年都要去参加培训班，学习新技能，比如烹饪、驾驶双翼飞机，甚至尝试不同的职业角色，比如学习如何成为夜总会 DJ 或政治家。
- 我在汤森路透的英国同事有一天告诉我他计划辞职，和妻子一起用余生周游世界。当我问他是否有足够的钱时，他告诉我他的计划是边旅游边工作，挣够下一站旅游的钱就继续上路。他认为，如果人只能利用假期旅游，那就太无趣了，没有深度体验当地人文风情的旅游不算真正的旅游。

故事中的主人公都把自己的生活过得如此有意义，那么我们为什么不可以追求一种不同于众人的人生经历呢？如果你厌倦了职场和职场以外的世界，即使不想让自己的人生跨度太大，在技术领域也有如下有价值又有趣的经历值得你去尝试。

- 前往技术创新的发源地体验创新。硅谷是计算机互联网技术的创新引擎，在“湾区”，无论是大公司还是创业公司，都在迸发着层出不穷的创新火花。有能力的程序员可以去体验一下。
- 尝试在下一个热点技术方向深耕。从 IT 到互联网，再到移动互联网，从云计算到大数据，再到 AI、VR、IoT，技术创新的浪潮接踵而来。有实力的程序员可以迎着下一个浪头书写未来，而不是做一个随波逐流的人。

不管是打工还是创业，在国内还是在国外，程序员真正应该拥有的精神内核是，你是否愿意和有想法的人一起追逐前沿技术。

程序员职业发展目标之三：自由

谈到自由，大多数人想到的是“财富自由”或“财务自由”，实际上自由有许多种。接下来，我将对几个层次的“自由”进行解读。

第一层自由——工作自由。工作自由并不是指上班时很自由，而是指不用面对失业危机。换句话说，要争取成为各公司争抢的人才，这样不仅不必担心找不到工作，也不必担心找不到好工作。也就是说，面对工作机会时既可以拥有选择权，也可以选择随时辞职去做自己想做的事情。

第二层自由——技能自由。工作自由的局限性在于，自己仍然需要靠别人提供工作机会。而技能自由则是指可以通过技能养活自己，不再需要公司。社会上的自由职业者并不少，程序员只要有想法，就有成为自由职业者的潜力。因为编程能力实际上是一种创造能力，只要能“创造人们想要的东西”，程序员就可以养活自己。比如，开发一些工具或 App，做一个软件个体户，或者开发一个开源软件。

第三层自由——物质自由。物质自由本质上离不开投资。但可用来投资的不一定是金钱，时间和青春也是本金，程序员同样需要考虑好应该把本金投入到什么事情、什么人上。投资是有风险的，然而不敢冒险可能才是最大的风险。仅靠阅读书籍是无法学会很多技能的，比如游泳也是一种投资。如果真正懂得投资，或是运气非常好，那么程序员可以为自己的技术能力加杠杆，最终实现物质自由。

但是，一个人追求自由的门槛并不低，不仅要拥有领导力和创造力，能走在大多数人前面、能指导大多数人，还要懂得投资，知道应该将时间、精力和机会投放在哪里。

程序员练级之路就是通向自由之路，首先从扎实的基础开始，成为一名合格的程序员；之后还要经过职场的历练、迈过高级技术的障碍，才能升级为领导者；直至能体验不一样的生活，最终实现精神自由。

08

高效学习

学习是不可能速成的。本章分享的方法可能会让你学得更加系统、全面，也可能会让你更加疲惫。刻意学习是反人性的，就像专业健身需要人们持续感受痛苦，还要人们放弃一旁的诱惑。成功人士大多比较自律且热爱学习，如果不能克服惰性、坚持不懈、举一反三、反复追问，那么无论使用多好的方法，都无法取得好的学习效果。在拥有正确态度的基础之上，我会分享一些可以运用在实践中的方法和技能。

学习是一门学问

大多数人都只有学习的意识，缺乏学习的行动和动力。由于毫无方向和目标，他们不知道该学些什么；由于没有掌握正确的方法和技巧，他们实际上没有自主学习的能力。

1. 主动学习和被动学习

1946 年，美国学者埃德加·戴尔（Edgar Dale）提出“学习金字塔”（Cone of Learning）理论，如图 8-1 所示。之后，美国缅因州的国家训练实验室发布了相关报告。

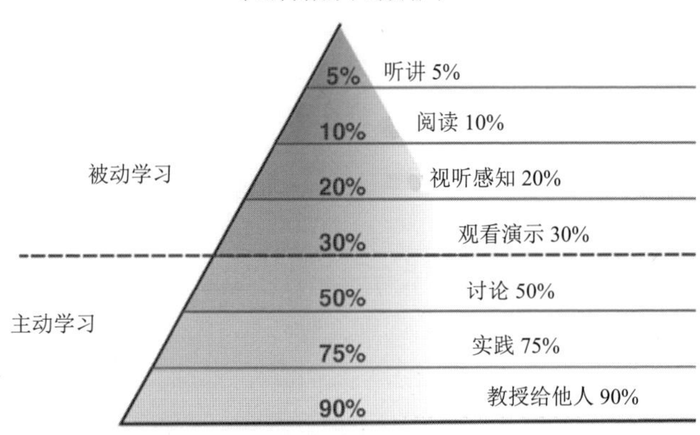

图 8-1　学习金字塔

人的学习分为被动学习和主动学习两个层次。被动学习中听讲、阅读、视听感知、观看演示这几种形式的学习内容平均留存率为 5%、10%、20%和 30%。主动学习中通过讨论、实践、教授给他人，分别能将学习内容的平均留存率提升到 50%、75%和 90%。

我们可以看到，被动接受灌输的效果不佳，只有自己开始思考、总结和归纳，找人交流讨论，践行并对外输出，才能掌握真正的学习方法。

学习英文就是一个例子。很多人从小开始学习英文，考试成绩很好，语法也不错，但真正需要用英文交流的时候，却发现自己的口语表达能力差。我在进入外企后，接受了一段时间每周 3 次的外教训练，英文能力也只是有了一点点的进步。直到有一天，公司客户抱怨一线客服处理问题太慢，询问后台开发人员是否愿意去一线支持，我举手了。之后的半年，我需要处理来自日本、新加坡、德国、法国、英国等多个国家的客户电话和邮件，其间我的英文能力直线上升。我要把自己知道的讲给客户听，而且由于我学习的动力很足，我很愿意和客户详细交流。日本人和德国人非常严谨，他们喜欢“打破砂锅问到底”，虽然英文也不怎么好，但是他们会用很慢的语速交流，同时希望我也这样做。于是，双方可以在说话时尽量做到每个单词都发音准确，这对提高英文口语能力帮助很大。自那以后，如有机会和一些英文口音很奇特的外国人交流，我也会让对方说慢点。几年后，当我到另一家外企工作时，口音非常重的印度人和非洲人说的英文我都能听懂，这着实把身边的同事们都震住了。

所以，不要盲目追求阅读的速度和数量，这只会让人产生错觉，误以为这就是勤奋和成长。要思辨，要践行，要总结和归纳，机械的重复不会带来质的飞跃。

2. 浅度学习和深度学习

说实话，来自朋友圈、微博、知乎、今日头条、抖音的信息价值极其有限，只会助长快餐文化之风和急于求成的社会风气。进入信息爆炸时代后，人们不再担心没有知识可学，而是对学不完的知识充满了焦虑感。这让快速、简单、轻松的学习方式成为主流，而思辨和逻辑论证的学习方式则被大多数人弃如敝屣。商家也看到了治愈学习焦虑的商机，纷纷推出各种领读和听读类产品，让人们可以在短时间内体会到轻松获取知识的快感。

深度学习需要投入大量的时间和精力，或许不符合现代人的生活节奏。但快餐式学习只能带来短暂的满足感，不是把知识转换成技能的有效路径。人们越学越焦虑，越学越浮躁，越学越不会思考，最终“什么都懂，却依然过不好这一生”。

实际上，依然有人在训练自己获取知识的能力，他们有足够的搜索和语言能力，可以找到并查看一手资料，能深度钻研知识点，并通过自己的思考生产更好的内容。而绝大部分人是浅度学习者，只能不求甚解地“消费”来自各个渠道的内容。

学习知识也有水平层次之分，低水平层次的学习者容易长期轻信各种谣言和不准确的信息，产生错误或幼稚的认知，丧失深度学习的能力，直到再也没有能力突破自我。

我倡导的深度学习包含如下关键步骤。

- 获取高质量的信息源和第一手知识。
- 将知识连成地图，并将自己的理解表述出来。
- 不断地反思，与不同年龄段的人讨论。
- 举一反三并积极实践，把知识转化为技能。

这几个步骤对应深度学习的三个核心环节。

- 知识采集：获取高质量的信息源，破解低质量信息的本质，多方印证结论。
- 知识缝合：将信息组织成结构化的知识，完成记忆连接、逻辑推理和知识梳理的知识消化过程。
- 技能转换：通过举一反三、实践和练习，以及传授教导，将知识转化为自己的技能。

深度学习可以让我们成为高水平层次的学习者，而且只要有心，任何人都可以做到，请现在就开始并坚持下去吧！

学习的终极目的

好学与厌学都是人的天性，在天性之外，大部分人对学习的认识都是肤浅或功利的。探求学习的真义，可以让学习的过程更有可持续性和针对性。

1. 学习是为了找到方法

学习的目的与其说是找到答案，不如说是找到方法。很多人在学校里都只会通过“题海战术”或死记硬背来学习，这是因为“KPI”只有一个：在考试中取得好成绩。然而，知识的海洋太辽阔，人的大脑是记不住那么多答案的。

只有掌握思路和方法，才能真正拥有解决问题的能力。所有的练习实际上都是为了引导人们去寻找一种“以不变应万变”的能力，只要具备了这种能力，就可以很快地用相应的方法找到答案，甚至找到最好的或最优雅的答案。

好比登山，一种方法是走别人修好的路，另一种方法是自己找路或修路，而能够开辟路径的人往往拥有更强的能力。因此，学习的目的是找到通往答案的路径——拥有无师自通的能力。

2. 学习是为了找到原理

学习不仅仅是为了知道，更是为了思考和理解。学习者不能停留于知识的表象，而是要通过表象去探索知识的本质和原理。真正的学习，从来都是知道得越多问题就会越多，问题越多思考得就会越多，思考得越多就越觉得自己知道得越少，因此就想了解更多自己不知道的东西。如此循环，学习便进入一种螺旋上升、上下求索的状态。

一旦理解了某个关键之处，你就会恍然大悟，因为所有的知识点已经融会贯通。恍然大悟的瞬间，你会有非常美妙且难以言表的感觉。在学习的过程中，我们要不断地问自己，这个技术出现的背景是什么，是要解决什么样的问题？为什么要用这个技术来解决问题，而不能用别的？还有更简单的解决方式吗？

这些问题会驱使你像侦探一样去探索事物背后的线索和真相，并通过不断思考来彻底理解技术的本质、逻辑和原理。此时，复杂多变的世界变得越来越简单，你就像找到了所有问题的最终答案一样，通晓了整个领域的知识。

3. 学习是为了了解自己

学习不仅仅是为了开阔眼界，更是为了通过探寻未知世界来了解自己。英文中有一句话“You do not know what you do not know.”，可以将其翻译为“你不知道你不知道的东西”。也就是说，你永远不会去学习你不知道的东西，这就好比你无法搜索自己完全不知道的东西，因为你不知道用什么关键词去搜索。

这个世界上有很多东西是你不知道的，学习可以让你遇到它们。只有当你幸运地知道自己不知道哪些东西时，你才会知道自己需要学什么。因此，你需要多与不同的人交流，多与比自己聪明的人共事，多走出去了解外面的世界，这样你才会发现自己的短板和盲区，才会有动力审视和分析自己，从而明白如何提升自己。

“人外有人，天外有天”，人的大脑一旦封闭起来，就会开始拒绝接受新的东西，人的发展也就遇到了天花板。学习的目的之一就是不断开拓自己的上升空间，以免停留在舒适区坐井观天。

4. 学习是为了改变自己

学习不仅仅是为了成长，更是为了改变自己。很多时候，成长是通过改变来实现的。虽然我们是有直觉的，但如果直觉可靠，我们就不需要学习了。学习让我们知道，许多直觉和思维方式是错误的、不好的或不科学的。

回顾自己从小到大的成长经历，每一次认知水平的飞跃和能力边界的拓展，往往都不是因为自己忽然开窍了，而是因为自己开始使用更有效率、更科学、更系统的方法了。当我们学会乘法之后，显然在很多场合下就不再需要使用加法来计数，因为使用乘法的效率会大幅提升。

一旦了解了逻辑中的充分必要条件和因果关系，我们就会发现，学会使用更好的方式思考问题，会比以前更接近问题的本质。学习是为了改变我们的思考方式，改变我们的思维惯性，改变我们对与生俱来的直觉的依赖。总之，勇于改变自己，才能持续成长。

高效学习的八种方法

好的学习方法，既要有效，也要高效。我相信只要你和我一样学会用下面的学习方法，你的学习效率一定能够迅速提升。

1. 挑选知识和信息源

在计算机领域，英文知识更接近可靠的信息源。因此，建议用英文关键词查找想要了解的知识，最好能在官方或主流技术社区里和专家直接交流。

在我看来，可靠的信息源应该具备以下几个特质。

- 应该是一手资料，而不是被别人解释或消化过的二手资料。知识性内容更是如此，应该是原汁原味的，而不是被夸大、粉饰的。
- 应该有佐证、数据和引用，或者有权威人士、大公司的“背书”。
- 应该经过时间和实践的检验，或者有小心求证的过程，而不是出自凭空想象。
- 应该有较高的信息密度，能发人深思，如 Medium 上的文章。

我经常推荐自己读过的好文章。这些文章是可靠的信息源，质量上乘，不需要我再做解读。我在文章底部添加的大量引用，也是一条学习线路。我希望通过简单的链接为读者打开一个全新的世界，而不是让他们始终需要依赖我，因为那个广阔的世界每天都会产生很多最新、最酷、最有营养的一手资料。

2. 注重基础和原理

正所谓“勿在浮沙筑高台”，很多人的问题并不是学得不够快，而是基础薄弱。强调基础技术的重要性的前提是，很多原理都是相通的。比如，如果学过底层的 Socket 编程，理解了多路复用和各种 I/O 模型（如 select、poll、epoll、aio、windows completion port、libevent 等），那么你会发现，无论形式如何变化，Node.js、Java NIO、Nginx、C++的 ACE 框架等中间件或编程框架的底层原理都是一样的。

无论 JVM、Node.js 或 Python 解释器执行了哪些操作，都无法解除底层操作系统 API 对“物理世界”的限制。当你真正了解这个底层的物理世界后，无论技术玩出什么花样，都无法超出你的掌控范围。

再举一个例子。当你学了足够多的编程语言，并且有了丰富的实践经验之后，你会开始在原理层面对编程语言的各种编程范式或控制流有所了解。这时，如果你再学习一门新的编程语言，你的编程水平会突飞猛进。在 2010 年学习 Go 语言时，除了每种语言都有的 if-else、for/while-loop、function 等，我重点关注的是出错处理、内存管理、数据封装和扩展、多态和泛型、运行时识别和反射机制、并发编程这些现代编程语言中的必备知识。如果没有它们，那么编程语言的表达能力就会很落后。因此，一旦你理解了编程语言的本质和原理，学习新的语言时你就可以直奔高级特性。

最关键的是，这些基础知识和技术原理是人类智慧的结晶，会给你很多启发和引导。比如，TCP 的状态机可以让你明白，在设计一个异步通信协议时状态机多么重要；而 TCP 拥塞控制的方式可以让你知道，应该如何设计一个用响应时间来限流的中间件；对算法和数据结构的学习达到一定程度时，你不仅会知道算法对于优化程序而言很重要，而且会知道应该如何通过设计数据结构和算法来让程序变得更加健壮和优雅。

学习基础知识很枯燥，而且很多基础知识在工作中一时用不到，显得很不实用。但学习这些基础知识就像拉弓蓄力，是为了未来我们可以更快地学习。基础打牢，学什么都快，而学得快就能学得多，且能引发更多思考。

3. 使用知识地图

2000 年我离开昆明开始“沪飘”。刚到上海时我找不到合适的工作，只能埋头学习。但书太多了，根本看不过来。我发现，死记硬背这种使蛮力的方法，很难让人在短时间内学到很多知识。

于是我发明了“联想记忆法”，比如，我将《C++ Primer》这本近千页的书分成三部分。

- C++ 用什么技术来解决 C 语言的问题，包括指针、宏、错误处理、数据拷贝等方面的问题。
- C++ 的面向对象特性：封装、继承、多态。封装让我想到构造函数、析构函数等，构造函数让我想到依次初始化列表、默认构造函数、拷贝构造函数、new；多态让我想到虚函数、RTTI，进而想到 dynamic_cast 和 typeid 等。
- C++ 的泛型编程。它让我想到 template、操作符重载、函数对象、STL、数据容器、iterator 和通用算法，等等。

顺藤摸瓜，从知识树的主干开始做广度或深度遍历，我就得到了一整棵知识树。这种记忆方法让我记住了很多知识。最重要的是，当出现一些我不知道的知识点时，我就会把它往知识树上挂，将其纳入我的学习系统，以方便理解和记忆。

在知识的海洋遨游需要一张地图。学习就是为了找到这张地图，因为这张地图中已经标明了通往所有答案的路径。

4. 系统学习

在学习某项技术时，我会通过问自己很多个为什么来形成一个更高层次的知识脑图。我将这些问题总结为如下的模板，将其用于 Go 语言和 Docker 等技术的学习。

- 学习技术的背景、初衷、要达到的目标或要解决的问题。知道技术的成因和目标，才能理解其设计理念。
- 学习技术的优势和劣势。任何技术都有优缺点，在解决问题的同时，新问题也会出现。理解发明者设计技术时的权衡和取舍，才能预知未来的收益和挑战。
- 学习技术的适用场景。没有普适的技术，离开适用场景，技术的弊端会凸显。适用场景通常分为两种，一种是业务场景，一种是技术场景。
- 学习技术的核心组成部分和关键点。围绕核心思想和组件进行学习，可以快速掌握技术的精髓。
- 学习技术的底层原理和关键实现。这部分内容对于很多技术都是相通的，学好这部分内容有助于未来快速掌握其他技术。
- 学习技术与已有实现的对比。一般来说，任何场景需求都会有不同的技术实现，不同技术实现的侧重点不同。学习不同的技术实现，可以深入细节、开阔思路。

如果按照这个模板来学习一项技术，入门阶段就会超过很多人，也更容易学到精髓。坚持学习两到三年，你有很大概率可以成为某个领域的佼佼者。

5. 举一反三

人与人最大的差别就在于是否具备举一反三的能力。举一反三包括三种基本能力。

- 联想能力。在软件开发和技术学习中，不停地思考同一工具或技术的不同用法，或者联想与之有关的其他工具或技术。

- 抽象能力。在解决问题时，如果能够将问题抽象化，就可以获得更多表现形式。抽象能力可以用来找到解决问题的通用模型。例如，数学是对现实世界的一种抽象。只要为现实世界的各种问题建立数学模型（如建立各种维度的向量），就可以使用数学来求解问题，这也是机器学习的本质。
- 自省能力。如果已经得到一个解，就要站在自己的对立面来寻找这个解的漏洞。这需要将自己分裂成正反方甚至多方，站在不同立场上来互相辩论，以覆盖所有场景，获得全面的问题分析能力。

为了具备相应的能力，可以进行刻意训练。比如，针对一个场景制造各种问题或障碍，针对一个问题寻找尽可能多的解并比较优劣，针对一个解组织不同的测试案例。当然，举一反三还需要培养思考力、好奇心，以及个人对细节的关注和较真。

6. 总结和归纳

用精练的语言描述复杂的问题，就像语文写作课上的提炼中心思想，能帮助我们更好地掌握和使用知识。基于自己的理解重新组织知识点，并用自己的语言重新表达，这是对信息的消化和再加工，过程中可能会有信息损失，也可能会有信息加入，因此本质上也是对信息的重构。

积累的知识越多，联系和区分知识的能力就越强。因此，要多阅读、多收集素材、扩大知识面、多和别人讨论、多思辨，做一个见多识广、独立思考的人。

需要注意的是，如果还没有学透某个知识，总结归纳出来的知识结构只能是混乱和幼稚的。因此，在学习的初始阶段，不要急于做判断和下结论，而应该保留知识的不确定性和开放状态。只有对知识有了完整、深入的理解，自己才能够站在更高的位置上，有条理地总结和归纳知识。可见，总结和归纳更多是对知识的完整回顾和重组，而不是学习过程中的小结。

对于如何学会总结和归纳，我的方法是：对看到和学习到的信息进行归类、排列、关联，实现碎片信息的结构化，从中找到规律和相通之处，然后进行简化和提炼，最终形成一种套路、模式或通用方法。

写博客是一种很好的训练方式，更好的方式是讲给别人听。总之，需要把总结、归纳的成果公开出来，接受别人的批评和反馈。这个过程锻炼了抓重点和化繁为简的能力，是高效学习必不可少的过程。

7. 实践出真知

学以致用，空谈误国。实践过才能深入理解所学的知识。初看《Effective C++》和《More Effective C++》这两本书时，我只是叹服作者不断推翻自己的求知精神，直到积累了很多实践经验和教训，我才真正地理解了实践的真义。这两本书并不厚，但我看了十多年，甚至可以背诵里面的很多章节。我真正想要掌握的不是其中的知识，而是宝贵的思维方式。

“实践出真知”对应的英文表达是“Eat your own dog food.”。“只有吃自己做的狗粮”，才能真正了解软件的使用情况。有些开发人员写完代码却不进行测试和维护，这样如何能够理解什么是好的设计和好的软件？如果不用自己的产品，“不养育自己的孩子”，就感受不到痛苦，也不会有改进的想法；没有改进的压力，也就不会有学习的动力；不学习就没有进步；没有进步就只能继续开发糟糕的软件。这是一种常见的恶性循环。

成长的痛苦很大程度上来自实践，但只有痛苦才会让人反思，而反思最终决定了成长的高度。

8. 坚持不懈

我曾在读者群中发起过一个名为 ARTS 的活动，要求每个人每周要完成一个 ARTS 任务：做一道算法题（Algorithm），读一篇英文文章（Review），推荐一项技术或技巧（Technique/Tips）和分享一个观点（Share）。能够坚持一年的人一定很少，但我仍然相信会有人坚持下来。

现在许多在线视频课程仅有 20 节课左右，每节课只有 3～5 分钟，总课时不到两小时，但只有不到千分之一的人可以坚持看完。当年 Leetcode 只有 151 道题，有十几万人做题，但全部做完的只有十几人，占比只有万分之一。因此，坚持就足以超过世界上绝大多数人。

关于坚持不懈，我有两个窍门：一是主动建立正向反馈，比如随时把成果晒出来让别人点赞，二是尽快把坚持变成习惯，让生物钟来参与管理。

想做到高效学习，个人需要有正确的认知、正确的态度、正确的观念和正确的方法，满足这几点要求似乎颇为不易。但程序员的日常工作正好就是追求效率，代码如是，人如是，学习亦如是。

09

高效沟通

“Talk is cheap. Show me the code.”是程序员对知易行难的共识。这句话是 Linus Torvalds 说的，是我引入中文社区的。令人没有想到的是，这个共识开始走向另一个极端——真正的程序员只应该用代码说话！

或许逻辑判断题的结果只有正确和错误两种可能，但世界上不会只有不折不扣的坏人和完美无缺的好人。“Talk”是人对人说的话，而“Code”除了是人对机器说的话，也可以是人对人说的话，“Talk”和“Code”同样重要。“Code”是间接交流，“Talk”则是直接交流，哪种交流都是必不可少的。

如果缺乏良好的沟通能力，那么再强的技术能力也无法发挥出来。如果把优秀的程序员比作一棵大树，那么学习能力能让树根越扎越深，让大树在狂风暴雨中屹立不倒，而沟通能力则是树干和枝叶，能伸展到更高更远的天空。

不管程序员的目标是成为卓越的管理者，还是成为某个领域的技术权威，与人沟通都是一项非常重要的软技能，需要个人进行刻意训练和培养。

沟通的原理与 Bug

沟通是指通过语言、文字或一些特定的非语言行为（如面部表情、肢体动作等），向对方传递自己的想法、要求、信息等。沟通的原理与计算机通信有些类似，如图 9-1 所示。

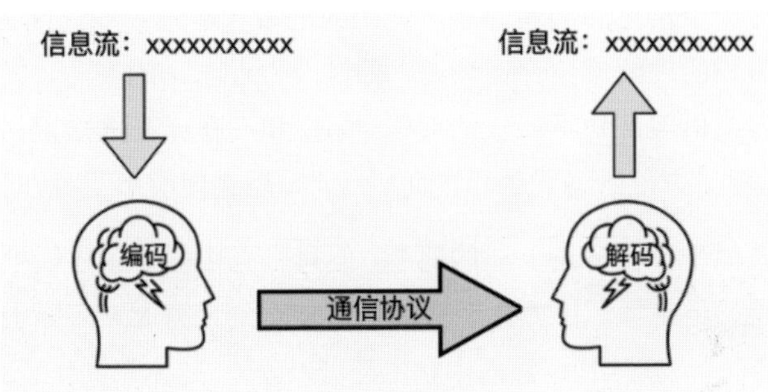

图 9-1　用计算机通信类比人类沟通

我们在大脑里将要表达的内容根据通信协议（如中文语言习惯）进行编码后发送出去，收到的人如果想知道信息究竟表达的是什么意思，就需要对信息进行解码。

然而，我们经常会遇到这样一种情况：表达者的意思是“东”，接收者理解的意思却是“西”。在计算机通信中，这是编码器和解码器不匹配造成的，在人类的沟通中，这也是经常出现的问题。

在计算机世界中，当遇到编码器和解码器不匹配的情况时，程序员应该如何解决呢？我们会增加一些约定。在沟通场景下，约定仍然是一个好方法。我曾在外企工作过，我入职后的第一件事通常是了解内部术语，以确保在沟通时使用统一的术语。这就是职场版的通信协议标准化，可以大幅降低沟通成本。

反馈也是一个很好的方式。把你的理解告诉我，如果有偏差，我再向你解释，直到双方达成共识。在 TCP 中，接收方需要发出确认数据包。发送方和接收方的解码器不一样，接收方要对解码后的信息进行编码并回传给发送方，发送方再次解码验证数据是否相同。这种确保编码器和解码器信息一致性的方法叫作双工通信，“双工”是有效沟通的前提。

还有一个常见的沟通问题，每个人的成长背景和知识储备不同，对相同事物的理解难免存在偏差。如涉及专业术语的表达，人们在表达中很容易出现认知不一致的问题。如果和没有计算机知识储备的人交流，即便对方能听懂术语中的每一个字，还是理解不了我在说什么。

科普似乎旨在解决上述的问题，但只有真正的专家才能把深奥的知识讲得通俗易懂。比如，经典图书《从一到无穷大》实际上在讲述相对论等高阶物理知识，然而中学生都可以读懂。这本书的作者乔治 •伽莫夫（George Gamow），不仅是物理学家、宇宙学家、科普作家，还是热大爆炸宇宙学模型的创立者，同时也是最早提出遗传密码模型的人。

在信息传递中，信息的损失也让人不容忽视。很多人都玩过“传话”游戏：将一句话偷偷说给队首的人，然后由其把听到的内容传给第二个人，依次传下去，直到队尾。通常情况下，传递结束后最初的信息已经完全变样，队尾的人说出的内容与原来的信息相比较早已南辕北辙，令人啼笑皆非。信息传递中使用的协议（人类的语言）很难准确地携带所有信息，因此每次编码和解码都会导致信息丢失或失真。如图 9-2 所示，参与信息传递的人越多，损失就越大。

此外，有些人会有意或无意地篡改信息，导致信息传递过程更加不可靠，还有人通过阻止信息传递甚至修改信息来控制他人。公司管理层级之所以会影响员工执行力，是因为老板的“意图”经过逐层传递后已经发生了变化。有时，老板的原话不方便直接复述，需要转述为下属能理解的语言，但结果却有可能造成上下想法脱节，高层最初要的和员工最终交付的完全不是一个东西。

图 9-2　信息传递的损失与影响

无论是到其他公司任管理职务还是经营自己的公司，我一直秉持一个理念——从源头获取信息，并将信息原封不动地分享出去。原因有二，一方面，信息损失会产生不良后果，另一方面，信息的公开透明有利于团队共同找到解决方案。

克服六种常见沟通障碍

了解了沟通原理和相关问题之后，我们来系统地分析一下哪些因素会成为沟通中主要的障碍，并给出应对方法。

1. 信息不准确

如果信息本身是错误的，或者编码器的 Bug 导致信息编辑错误，那么无论你有多么高超的沟通技巧，或者采用多么有效的沟通方式，都无法准确表达。

针对这种情况，首先要明确沟通的目的，然后整理自己的措辞。对于一些比较重要的沟通，最好将自己的想法写下来，隔一段时间再读一遍记录，换位思考一下自己能否理解以及如何理解其中的含义。

在现场与人进行交谈时，如有容易让人产生误解或自己没有表达好的信息，可以停下来想一想——“请等一下，给我一点时间来组织逻辑和语言”，然后换个方式重新表达。当对方没有表达清楚时，要及时打断对方，直接告诉对方自己没有听懂，或要求对方重新解释一下。沟通就是要来来回回地确认，否则就会出现障碍。

如果信息不准确，节约时间就已经没有意义。沟通效率的关键不在于快，而在于准确。这需要不断地练习，多积累几次准确表达、成功沟通的经验，个人表现会越来越好。多看、多写也有帮助，能把复杂的事情用文字写清楚，口头表达能力也会变好。

2. 信息过量

有些人在交流时会说一些无效信息或与主题无关的干扰信息，但信息过多等于没有信息。信息过量导致的沟通障碍有如下表现。

- 为了保证所有人都能理解，表达者会进行大量的前置铺垫和背景描述。
- 为了不得罪人，表达者会花很多时间进行解释澄清和免责说明。
- 想把所有内容一次性地告诉对方，表达者在 PPT 中放入大量的文字，让人难以找到重点。
- 怕别人听不懂或没听进去，表达者唠唠叨叨，叙述中的细节过多。
- 不直接说清楚，而是采用过多的比喻，让人如在云里雾里。
- 跑题，东拉西扯，抓不住重点。

曾经有个下属跟我说，“我最近很累，工作压力很大……”当时，我的直觉是他接下来要和我提出离职。于是我开始安慰他，还分享了我以前遇到相似情况时是怎么处理的。我们互相猜疑着沟通了三十分钟后，我才明白，他只是想休假一周，但是又担心我不批假。如果他一开始就说想请假，沟通就无须如此复杂。

直接说明来意是最高效的沟通方式，是对对方的信任，也是对自己的尊重，这样事情才能得到更好的解决。

3. 没有交互

没有交互会影响主动沟通一方的积极性。无论是开会还是分享，当我提出问题时，比如“大家有什么意见？”“这样做有问题吗？”，场下一片寂静，没有任何回应。尤其是程序员，本来一开始注视着我，听到提问后都低下了头。这种场面让我很沮丧，甚至有些不知所措。

一旦沟通变成了单向灌输、自说自话，双方都会感到疲倦，问题根本不可能得到解决。遇到这种浪费时间的沟通时，一定要及时止损，立即委婉地终止谈话。在想办法脱身之后，再思考双方各自的问题，据此寻找有效沟通的方式和技巧。

有时候没有互动是因为领导过于威严或强势，不听下属的观点，让人不敢表达自己的想法，或者觉得即使表达出来也没什么用。不要认为这种“发号施令”式的沟通效率很高，实际上，当你把员工当成不会思考的机器时，他们就真的会成为不会思考的机器，你也就不用再指望有人能为你分担压力、提供想法。

想要激励互动，就要找到对方的兴趣点，降低对方表达真实想法的门槛；营造开放自由的氛围，让所有人都能畅所欲言；把自己的答案变成问题，让其他人有参与感。只有双方充分参与，才能得到好的沟通结果。

4. 表达方式

相同的沟通内容，采用不同的表达方式会产生截然不同的效果。如果人们始终能够以平等对话和相互尊重的态度交流，大部分沟通都会很顺利。但是，如果一方带着某种情绪，表现得轻蔑、粗鲁，会产生什么样的结果自然就不言而喻了。这也解释了为什么人们有时会为一些小事争论不休。显然，沟通失败的原因很多时候不是沟通内容有问题，而是表达方式和态度有问题。在后面沟通技巧的部分，我会详细讲述如何避免失败的沟通。

5. 二手信息

信息在传递过程中会自然损失，因此即使没有人为的主观篡改，很多二手信息的准确度也不够。变味的二手信息会影响人的判断力，甚至让人做出严重错误的判断。流言之所以能止于智者，是因为智者会找到信息源头并求证。

6. 信息不对称

信息在网络通信过程中被恶意篡改后，就会造成信息不对称。有人利用信息不对称牟利，甚至控制他人的思想和行为。可见，信息平等非常重要。

以公司内的信息不对称为例。虽然公司隐瞒一些负面信息可以获得短暂的宁静，但是纸终究包不住火。因此，解决信息不对称的最好方式是主动公开信息，做到信息透明，只传递没有被篡改的完整信息。有些管理者认为这样会导致管理混乱，担心员工会错误解读公司的政策和调整。然而，事实是信息不对称才会有损公司的长期利益。短期来看，团队成员听话意味着员工好管理，但长远来看，信息不对称会剥夺员工自我成长的机会，最终会削弱员工的自我驱动力和创造力。而一个没有创造力和思考能力的团队能走多远呢？

简单有效的沟通方式

好的沟通方式有很多种，下面介绍最具通用性和长效性的三种。

1. 尊重

尊重在高效沟通中非常重要，也是一个关键前提。它有两个原则。

- 我可以不同意你，但是会捍卫你说话的权利。即便不认同对方的观点，也要尊重和聆听对方的表达，这样才有机会发现认知差异，从而通过弥补不足和扫清盲区来实现自我提升。
- 用尊重来赢得尊重。在你表现出足够的尊重之后，对方会更乐于跟你交谈，而且也会交流得更为细致和深入。相互尊重不仅能实现良好的沟通效果，而且当双方的观点不一致时，它会让人更愿意聆听和接受彼此的思路。

注意，尊重不是附和，也不是回避观点碰撞。尊重能给不同的观点营造和谐氛围，以激发彼此创新的火花，帮助双方产生更完整、全面的认知。

2. 倾听

倾听的重要性不亚于表达，它包含专注、听到、理解、回应和记忆五个元素，是解读别人所说信息的完整过程。

倾听可以让人获取更多信息，所以，面试官在应聘者向他进行陈述时一般都会保持沉默，让应聘者自由发表意见。访谈类节目主持人也是倾听高手，精彩的对话要求主持人能挖掘更多被采访者的信息。

不会倾听，就会因信息不对称而做出错误假设，尤其是在谈判的时候，双方在利益点上的信息不对称会带来严重后果。因此，倾听时需要不断思考更深层的因素，才能实现高效沟通和正确决策。

3. 情绪控制

在沟通过程中时刻保持理性思考，不仅能使问题顺利得到解决，还能给对方留下好印象，进而形成良好的人际关系。情商高不仅体现在会说话上，更体现在情绪控制上。情绪控制应该遵循以下两个原则。

- 不要急于打断或反驳他人。即便有不同的意见，也要耐心地听对方说完，不要急于打断或反驳他人，以免断章取义。当你听完对方的完整陈述之后，很可能会改变聆听过程中的某些想法。此外，打断别人说话会降低自己的印象分。
- 冷静客观，求同存异。每个人在知识储备、成长环境、成长经历和脾气秉性等方面都各有不同，看待和理解问题的角度自然会有差异。要尊重这些差异，对有争议的问题，要在客观对待、冷静思考后给出建议和看法。切勿在冲动之下说出过激的话，牢记，言语不当造成的伤害会持续很久。

虽然情绪是自己的，不应该被别人的言行所左右，但控制情绪是需要用一生来修炼的能力。

无往不利的沟通技巧

掌握了上面的沟通方式，下面来看几个我经常用的沟通技巧。

1. 引起对方的兴趣

顺畅的沟通建立在兴趣之上。那么如何引起对方的兴趣呢？很简单，找到对方的关注点，尽可能地让沟通向其靠拢。

有一个真实的例子。我创业时曾找一家银行谈合作，副行长见我穿着打扮随意，想几句话把我打发走——“为什么我从来没听说过你们公司？”“注册资本只有几十万吗？”这些问题的确让人尴尬，但最终我只用了 20 分钟就谈成了合作。这是因为我知道对方关心的不是技术，而是商业利益。

关于那次合作，我事先做了一些功课。当时金融业形势不佳，国家货币流通收紧导致银行放贷困难。因此，我一上来就跟他说："我有一个客户，现金流比较大，一天的流水大概是3～5亿元人民币……"只要有了兴趣，后面的事就比较好谈了。当然，我并不是在忽悠他，我的技术项目本来就是为大规模并发场景而生的，能用得上的客户基本上都有一定的业务量。

2. 围绕主题强化观点

工程师通常认为自己写的代码很简明，但其实很多时候产品需求很模糊。因此，亚马逊要求员工具有将模糊的理解转化为准确的理解的能力。也就是过滤掉无用或非关键信息，让重点更加鲜明。重点突出的观点才有力量，每一句被强化过的表达都会在对方的大脑中形成一个"爆点"，让对方产生深度思考。只有这样，信息才能传达到位并在对方的大脑中生根发芽，影响力也由此而来！

这样的沟通能力需要通过反复练习才能获得。在表达之前，要明白自己表达的目的，组织好要表达的内容，还要从中筛选出有用的信息，进一步思考是否有更加简明、易懂的表达方式，比如是否用一句话就能把事情说清楚。当你习惯性地把大量信息浓缩成"金句"时，你就已然成为沟通高手了。

3. 基于数据和事实

沟通时应尽量弱化主观色彩，多用数据、例证、权威引用和客观经验来强调观点的权威性，使自己的观点不可辩驳。当信息具有毋庸置疑的特性时，接收信息的人通常会无条件相信。这种沟通方式在谈判中是一种降维打击！

我在亚马逊工作时，产品经理经常在数据仓库里做各种统计和分析工作，然后利用数据说服老板和开发人员启动新的项目，无往不利。

因此，在沟通之前要收集相关的数据和事实，养成带着“武器”上谈判桌的习惯。

沟通在影响事业成功的因素中所占权重越来越高，每个人都要了解沟通的原理，为高效沟通创造共识、扫清障碍，并用合适的方法和技巧解决沟通问题，使沟通成效最大化。如此一来，高效沟通也关乎你的人生。

10

编程的本质

编程的本质包括逻辑（Logic）、控制（Control）和数据（Data）。逻辑是问题的本质，控制是解决问题的策略，数据是问题的表现形式。编程范式和程序设计方法主要围绕这三方面工作，因此，有效地分离 Logic、Control 和 Data 是写出好程序的关键所在。为了解耦，可以使用状态机、DSL 和编程范式等模型、工具和方法。更具体的，面向对象的设计模式是基础思维，C 语言是必须学习的语言，C++语言是世界上范式最多的语言，Java 语言是综合能力最强的语言，而 Go 语言则是最适合入门的语言。

编程领域的基础知识

为了进入专业编程领域，我们需要认真学习以下三方面的知识。

1. 编程语言

C、C++和 Java 是三种工业级的编程语言。这样说主要是因为 C 和 C++的规范都经过了 ISO 标准化，并且由工业界厂商组成的标准化委员会来制定工业标准，而且已经在许多重要的生产环境中得到广泛应用。C 语言的重要性不言而喻，几乎所有重要的软件都与 C 语言有直接或间接的关系，例如操作系统、网络、硬件驱动等，可以说整个世界都是在 C 语言之上运行的。

现在主流的浏览器、数据库、图形界面，以及著名的游戏引擎和

Microsoft Office 等都是用 C++ 编写的。很多公司也用 C++ 来开发核心架构，例如 Google、腾讯、百度、阿里云等。

Java 语言则在金融公司、电商公司中被广泛使用，因为其代码的稳定性和生产力超过了 C 和 C++，并且，有了 JVM，跨平台、代码优化或高级技术就可以被轻松地实现了，如 AOP 和 IoC。而具有此类功能的 Spring 等高品质“轮子”由庞大的社区维护，用户只需关注业务，就能快速搭建企业级应用。

我还推荐学习 Go 语言。一方面，Go 语言的语法简单，有 C 和 C++的基础，Go 语言的学习成本基本为零，它甚至有取代 C 和 C++ 的潜力，而且在国内外应用广泛。C 太原始，C++ 太复杂，Java 太高级，它们给 Go 提供了生存空间。如果要写一些 PaaS 层的应用，Go 比 C 和 C++ 更合适，和 Java 有一拼。可以说，Go 语言已成为云计算领域事实上的标准语言，尤其是在 Docker、Kubernetes 等项目中。Go 社区正在不断地从 Java 社区移植各种“轮子”，现在发展得很好。

2. 理论基础

算法、数据结构、网络模型、计算机原理等计算机科学知识务必要学好。这些理论知识是计算机科学的精华，也是人类智慧的结晶，还是程序员继续精进的必需知识储备。

很多人认为在工作中根本用不上理论知识，实际上并非如此。过去二十年，每当我遇到复杂的问题或困难时，这些基础理论都派上了大用场。而且，虽然这些理论比较难“啃”，但理解了其背后的思想，就可以触类旁通、获益终身。

3. 系统知识

系统知识是理论知识的工程实践，包含 UNIX/Linux、TCP/IP、C10K 挑战等专业细节。可以将其看作计算机世界的物理疆域，无论上层的 Java NIO、Nginx 或 Node.js 等如何发展，都无法摆脱最底层的限制。这些知识对于将理论应用于实际项目或解决实际问题至关重要，比如编程时与系统交互、获取操作系统资源、实现通信，以及解决性能问题、修复故障。

编程语言

这里推荐 C/C++、Java、Go 这几种语言的学习建议。以下推荐的学习资料有助于我们学习编程语言，包括多本经典教材和在线资源。

1. Java 语言

学习以下与 Java 语言相关的入门图书（注意：下面的图书在入门篇中有所提及，但为了完整性，还是要在这里提一下，因为有的读者可能会选择性地阅读某部分）。

《Java 核心技术 • 卷 1：基础知识》是 Sun 公司的官方用书，是一本 Java 入门参考书。对于 Java 初学者来说，该书是一本非常不错且值得时常翻阅的技术手册，书中有较多地方将 Java 与 C++ 做比较，这是因为 Java 面世的时候，又被叫作“C++ 杀手”。我在看这本书的时候，发现书中有很多 C++ 的知识，于是去学习了 C++。学习 C++ 的时候，发现有很多 C 的知识看不懂，又顺着去学习了 C。然后，“C→C++→Java”整条学习线路融会贯通，这对我未来的技术成长有非常大的帮助。

Java 的 Spring 框架是你无法回避的，所以有了上述的入门之后，接下来是两本与 Spring 相关的书——《Spring 实战》和《Spring Boot 实战》。前者是传统的 Spring，后者是新式的微服务 Spring，如果你只想看一本，那么就看后者吧。

以上几本图书可以帮助你入门 Java，但如果想要进一步成长，就需要看以下几本进阶图书了。

首先，你需要了解如何编写高效的代码，因此必须看一下 *Effective Java*（注意，这里我给的引用是原书第三版，也就是 2017 年年末出版的那一版）。这本书模仿了 Scott Meyers 的经典图书 *Effective C++* 的。这两本书中的内容都是技术大师的各种经验之谈，非常不错，你一定要读。此处再推荐一下 Google Guava 库，其中核心库有：集合（Collections）、缓存（Caching）、原生类型支持（Primitives Support）、并发库（Concurrency Libraries）、通用注解（Common Annotations）、字符串处理（String Processing）、I/O 等。它不仅是 JDK 的升级库，而且还是 *Effective Java* 这本书中作者最佳实践经验的代表。

《Java 并发编程实战》是一本完美的 Java 并发参考手册。该书从并发性和线程安全性的基本概念出发，介绍了以下几点：如何使用类库提供的基本并发构建块，将其用来避免并发危险、构造线程安全的类及验证线程安全的规则；如何将小的线程安全类组合成更大的线程安全类；如何利用线程来提高并发应用程序的吞吐量；如何识别可并行执行的任务；如何提高单线程子系统的响应性；如何确保并发程序执行预期任务；如何提高并发代码的性能和可伸缩性；等等。最后，书中介绍了一些高级主题，如显式锁、原子变量、非阻塞算法，以及如何开发自定义的同步工具类。

了解如何编写并发程序后，你还需要了解如何优化 Java 的性能。对此，我推荐《Java 性能权威指南》。通过学习这本书，你可以大幅提升性能测试的效果。其中内容包括：使用 JDK 中自带的工具收集 Java 应用的性能数据；理解 JIT 编译器的优缺点；调优 JVM 垃圾收集器，以减少其对程序的影响；学习管理堆内存和 JVM 原生内存的方法；了解如何最大程度地优化 Java 线程及同步的性能；等等。看完这本书后，如果你还有余力且想了解更多的底层细节，那么，你有必要读一下《深入理解 Java 虚拟机：JVM 高级特性与最佳实践》。

《Java 编程思想》是一本透着编程思想的书。上面提到的书让你从微观角度了解 Java，而这本书则可以让你从宏观角度了解 Java。这本书和《Java 核心技术・卷 1：基础知识》的厚度差不多，但信息密度比较大。因此，读此书非常耗费脑力，它会让你不断思考。对于想要学好 Java 的程序员来说，这是一本必读的书。

《精通 Spring 4.x》也是一本很不错的书，虽然它有点厚，一共有 800 多页，但内容都是干货。其中最不错的是分析原理，尤其是针对前面提到的 Spring 技术，把应用与原理都讲得很透彻，IoC 和 AOP 部分的分析也很棒，娓娓道来。对于任何一项技术，该书都做了细致和全面的介绍。不足之处是内容太多，导致书很厚，但这并不影响它是一本不错的工具书。

当然，学习 Java 时你必须学习面向对象的设计模式。这里有一本经典的书《设计模式》推荐给你。不过，如果你觉得这本书有些难度，可以看一下《Head First 设计模式》。在学习面向对象的设计模式时，你不要迷失在那 23 种设计模式中，而要明白这两个原则：

"Program to an interface, not an implementation."。

使用者不需要知道数据类型、结构、算法的细节，也不需要知道实现细节，只需要知道提供的接口。这对抽象、封装、动态绑定和多态有利，符合面向对象的特征和理念。

"Favor object composition over class inheritance."。

继承要求给子类暴露一些父类的设计和实现细节。父类实现的改变会影响到子类，因此，在子类中需要重新实现很多父类的方法。我们认为继承主要是为了代码重用，但实际上更多的是为了多态。

2. C/C++语言

与我入行时相比，现在几乎所有的软件都不必使用 C 语言编写。一方面，高级语言如 Java 语言和 Python 语言为你屏蔽了很多底层细节；另一方面，新兴语言如 Go 语言可以让你更轻松地编写高性能的软件。然而，我仍然认为，C 语言是你必须学习的语言，因为世界上绝大多数编程语言都是类似于 C 的语言，它们用不同的方式解决 C 语言的各种问题。在这里，我要说一句武断的话——如果你不学习 C 语言，你根本没有资格称自己为合格的程序员！

我特别推荐已故的 C 语言之父 Dennis M. Ritchie 和著名科学家 Brian W. Kernighan 合作的经典教材《C 程序设计语言》。请注意，这本书是 C 语言的发明者编写的，其中的 C 语言标准不是我们平时所说的 ANSI 标准，而是原作者的标准，也被称为 K&R C。这本书很薄，简洁明了，不枯燥，你可以拿着它躺在床上看，看着看着就睡着了。

此外，还有一本非常经典的 C 语言书籍——《C 语言程序设计：现代方法》。有人说，这本书可搭配之前的 *The C Programming Language*。但我想说，这本书更实用、更厚，完整覆盖了 C99 标准，并且习题的质量和水平也比较高。更重要的是，本书探讨了现代编译器的实现，以及 C++ 的兼容性，还揭穿了各种古老的 C 语言神话和信条……是一本干货相当多的 C 语言学习图书。

另外，个人不建议看谭浩强老师的 C 语言图书，因为其中存在一些瑕疵。我在大学时就是用这本书学习的 C 语言，后来发现它并不能适应我个人在工作中的需求。

在学习 C 语言的过程中，你一定会发觉 C 语言不仅是底层语言，而且其代码经常性地崩溃。经过一段时间的挣扎，你才开始发现自己快从这个“烂泥坑”里爬出来了。但你还需要看看《C 陷阱与缺陷》这本书，看了以后你会发现，C 语言里面的陷阱非常多。

此时，假如你看过我的“编程范式游记”系列文章，你可能会发现 C 语言在泛型编程上存在各种问题。这个时候，我推荐你学习一下 C++ 语言。可能会有很多人觉得 C++ 是一门很难“啃”的语言，是的，可以说它是世界上目前来说最复杂也是最难的编程语言了。但是，不可忽视的是，C++ 是目前世界上范式最多的语言，其中最好的范式就是“泛型编程”。在静态语言中，这绝对是划时代的事情。

因此，你有必要学习一下 C++，看看 C++ 是如何解决 C 语言中的各种问题的。你可以先看看我的这篇文章“C++ 的坑真的多吗？”，对 C++有一个基本认识。下面推荐几本关于 C++ 的图书。

《C++ Primer 中文版》是久负盛名的 C++ 经典教程。这本书有点厚，前面 1/3 的内容讲 C 语言，后面讲 C++。C++ 的知识点实在是太多了，而且有点晦涩。但是你只需要看几个点，一个是面向对象的多态，一个是模板和重载操作符，以及一些 STL 的知识。通过这本书，你可以看看 C++ 是怎么“玩”泛型和函数式编程的。

如果你想继续研究，你需要看另外两本更为经典的书——*Effective C++*和 *More Effective C++*。这两本书不厚，但是我读了 10 多年，每隔一段时间再读一下，就会发现有更多的收获。你会发现，随着你阅历的增长，这两本书的内容也变得丰富起来，可能这就是“常读常新”。它们也是对我影响最大的两本书，其中影响最大的不是书中那些有关 C++的内容，而是作者的思维方式和不断求真的精神，这真是太赞了。

学习 C/C++ 都需要好好了解编译器到底做了什么，就像学习 Java 需要先了解 JVM 一样。因此，这里还有一本非常难“啃”的书，你可以挑战一下《深度探索 C++ 对象模型》。这本书的内容非常经典，看完后，C++ 对你来说就再也没有什么秘密可言了。我以前写过的《C++ 虚函数表解析》和《C++ 对象内存布局》也属于这个范畴。

另外，《C++ 程序设计语言》的作者 Bjarne Stroustrup 写的 C++ FAQ 文档也是非常值得一读的。

3. Go 语言

C 语言相对而言比较原始，C++ 语言过于复杂，Go 语言是最佳选择。有了 C/C++ 作为基础，学习 Go 语言就变得非常容易。

推荐以 Go by Example 程序实践介绍页面作为入门教程。*Go 101* 也是一本不错的在线电子书。如果你喜欢纸质书籍，*The Go Programming Language* 是不错的选择，它的评分为 9.2 分，但国内没有销售。（当然，我之前也写过两篇入门文章供参考："GO 语言简介（上）——语法"和"GO 语言简介（下）——特性"。）

此外，Go 语言官方的"Effective Go"是必读的，这篇文章介绍了如何更好地使用 Go 语言和 Go 语言的一些原理。

Go 语言最突出的特点是并发编程。UNIX 老牌黑客罗勃・派克（Rob Pike）在 Google I/O 上分享了两个并发编程模式的演讲，你可以从中学到一些东西。

- Go Concurrency Patterns（ 幻灯片、演讲视频）。
- Advanced Go Concurrency Patterns（幻灯片、演讲视频）。

此外，Go 在 GitHub 的官方维基站点上有许多不错的学习资源。比如：

- Go 精华文章列表。
- Go 相关博客列表。

- Go Talks。

另外，内容丰富的 Go 资源列表 Awesome Go 也值得一看。

在编程语言方面，我推荐学习 C、C++、Java 和 Go 四门语言，并分别阐释了推荐的原因。

我认为，C 语言是必须学习的语言，因为世界上绝大多数编程语言都是“C-like”的语言，它们在不同的方面解决了 C 语言的各种问题。

虽然 C++ 很复杂、难学，但它几乎是目前世界上范式最多的语言。它最出色的特点是“泛型编程”，这在静态语言中是一件绝对划时代的事情。尤其要看看 C++ 是如何解决 C 语言中的各种问题的。

我认为 Java 是综合能力最强的一门语言。实际上，我先学了 Java，然后学了 C++，最后学了 C 语言。“C→C++→Java ”整条学习线路融会贯通，这对我未来的技术成长有非常大的帮助。我还推荐了 Go 语言，并提供了相关的学习资料。

一名合格的程序员应该掌握几门编程语言。一方面，你学习不同的语言时会对它们有所比较，这会让你有更多的思考。另一方面，掌握多门编程语言是对学习能力的培养，会让你在学习未来的新技术时学得更快。

从两篇论文谈起

1976 年，瑞士计算机科学家，Algol W、Modula、Oberon 和 Pascal 语言的设计师 Niklaus Emil Wirth 写了一本非常经典的书 *Algorithms + Data Structures = Programs*，即《算法 + 数据结构 = 程序》。

这本书主要探讨了算法和数据结构之间的关系，对计算机科学产生了深远的影响，尤其在计算机科学教育方面。1979 年，英国逻辑学家和计算机科学家 Robert Kowalski 发表了论文“Algorithm = Logic + Control”，并开展了与“逻辑编程”相关的工作。

Robert Kowalski 是一位逻辑学家和计算机科学家，从 20 世纪 70 年代末到 20 世纪 80 年代末，他致力于数据库的研究。他在用计算机证明数学定理等重要应用上有所建树，特别是在逻辑、控制和算法等方面提出了革命性的理论，对数据库、编程语言，甚至人工智能，至今仍有极大影响。

Robert Kowalski 在这篇论文里提到：

“An algorithm can be regarded as consisting of a logic component, which specifies the knowledge to be used in solving problems, and a control component, which determines the problem-solving strategies by means of which that knowledge is used. The logic component determines the meaning of the algorithm whereas the control component only affects its efficiency. The efficiency of an algorithm can often be improved by improving the control component without changing the logic of the algorithm. We argue that computer programs would be more often correct and more easily improved and modified if their logic and control aspects were identified and separated in the program text.”。

翻译过来的意思大概是：

任何算法都包括两个部分：Logic 部分和 Control 部分。Logic 部分解决实际问题，而 Control 部分决定解决问题的策略。Logic 部分是解决问题的算法，而 Control 部分只影响解决问题的效率。程序运行效率与程序逻辑无关。如果能够有效地分离 Logic 和 Control 部分，代码将变得更易于被改进和维护。

请注意，最后一句话是重点——如果能够有效地分离 Logic 和

Control 部分，代码将变得更易于被改进和维护。

理解编程的本质

回顾一下两位老先生关于编程的两个表达式：

Algorithms + Data Structures = Programs

Algorithm= Logic + Control

第一个表达式侧重于数据结构和算法，它的目的是将它们拆分开来。早期的工程师们认为，如果数据结构设计得好，那么算法也会变得简单。此外，一个良好的通用算法应该适用于不同的数据结构。

第二个表达式则强调了数据结构并不复杂，而是算法复杂。也就是说，我们的业务逻辑是复杂的。我们的算法由两个逻辑组成，一个是真正的业务逻辑，另一个是控制逻辑。程序中有两种代码，一种是真正的业务逻辑代码，另一种是控制我们程序的代码，叫作控制代码。这根本不是业务逻辑所关心的事情。

算法的效率往往可以通过提高控制部分的效率来实现，而无须改变逻辑部分，也就不需要改变算法的意义。举个阶乘的例子，$X(n)! = X(n) \times X(n\text{-}1) \times X(n\text{-}2) \times X(n\text{-}3) \times \cdots \times 3 \times 2 \times 1$。逻辑部分用于定义阶乘：1）1 是 0 的阶乘；2）如果 v 是 x 的阶乘，且 $u = v \times (x+1)$，那么 u 是 $x+1$ 的阶乘。

用这个定义，既可以从上往下地将 $x+1$ 的阶乘缩小为先计算 x 的阶乘，再将结果乘以 1（递归式），也可以由下而上逐个计算一系列阶乘的结果（遍历式）。

控制部分用来描述如何使用逻辑。最粗略的看法可以认为“控制”是解决问题的策略，而不会改变算法的意义，因为算法的意义是由逻辑决定的。对于相同的逻辑，使用不同的控制会得到等价的算法，因为它们解决同样的问题，并得到同样的结果。

因此，我们可以通过逻辑分析提高算法的效率。例如，有时将自上而下的控制替换为自下而上的控制可以提高效率，同时将自上而下的顺序执行改为并行执行也可以提高效率。

总之，通过这两个表达式，我们可以得出：

Program = Logic + Control + Data Structure

在编程范式和程序设计方法方面，我们围绕这三件事情来工作：

比如函数式编程中的 Map/Reduce/Filter，它们都是一种控制。而传递给这些控制模块的 Lambda 表达式是我们要解决的问题的逻辑。它们共同组成一个算法。最后，我将数据放入数据结构中进行处理，最终形成我们的程序。

就像 Go 语言中 Undo 示例的委托模式一样。Undo 是我们想要解决的问题，是 Logic，但 Undo 的流程是控制。

就像面向对象编程依赖于接口而不是实现一样，接口是对逻辑的抽象，真正的逻辑放在不同的具体类中，通过多态或依赖注入这样的控制来完成数据在不同情况下的不同处理。

如果你结合之前讲的各种编程范式思考上述这些概念，就会发现所有的语言或编程范式都在解决以下问题：

- 控制是可以标准化的。例如：遍历数据、查找数据、多线程、并发、异步等都是可以标准化的。
- 由于控制需要处理数据，因此标准化控制需要标准化数据结构，我们可以通过泛型编程来解决这个问题。
- 控制还需要处理用户的业务逻辑。因此，我们可以通过标准化接口/协议来实现，我们的控制模式适配于任何逻辑。

以上三点是编程范式的本质。有效地分离 Logic、Control 和

Data 是写出好程序的关键所在。

在编写代码时，我们经常会看到将控制逻辑和业务逻辑放在一起的代码。其中一些变量和流程与业务相关，而另一些则无关。业务逻辑决定了程序的复杂度，如果业务逻辑本身就很复杂，你的代码就不可能写得简单。

Logic 是程序复杂度的下限，为了控制程序，需要编写大量的控制代码，因此，Logic 和 Control 的相互交织成为程序的最终复杂度。

我们来看一个混淆了逻辑和控制的示例。这是我在 LeetCode 上做的一道题目，关于通配符匹配的问题，要求匹配两个字符串，需求如下。

通配符匹配：

```
isMatch("aa","a") → false
isMatch("aa","aa") → true
isMatch("aaa","aa") → false
isMatch("aa", "*") → true
isMatch("aa", "a*") → true
isMatch("ab", "?*") → true
isMatch("aab", "c*a*b") → false
```

现在，再看看我写的代码：

```
bool isMatch(const char *s, const char *p) {
  const char *last_s = NULL;
  const char *last_p = NULL;

  while ( *s != '\0' ) {
    if ( *p == '*' ) {
      p++;
      if ( *p == '\0' ) return true;
      last_s = s;
      last_p = p;
    } else if ( *p == '?' || *s == *p ) {
      s++;
```

```
      p++;
    } else if ( last_s != NULL ) {
      p = last_p;
      s = ++last_s;
    } else {
      return false;
    }
  }
  while ( *p == '*' ) p++;
  return *p == '\0';
}
```

你看，上面这段代码有多乱。我也不知道我是怎么写出来的，起初可能是为了完成该题，但我也需要关注性能。如果我不写注释，你可能都看不懂这段代码。即使我写了注释，你敢改吗？你可能甚至不敢动（哈哈）。上面这些代码里很多都不是业务逻辑，而是用来控制程序逻辑的。

业务逻辑相对复杂，且控制逻辑与业务逻辑往往交织在一起。因此，虽然这段代码不长，但它已经相当复杂了。两三天后，我回头看自己写的东西，我不知道自己到底写了些什么，为什么会写成这样？当时我脑子里在想什么？我完全不知道。我现在就是这种感觉。

那么，如何改进上面的代码呢？

首先，我们需要一个比较通用的状态机（NFA，非确定有限自动机，或者 DFA，确定性有限自动机）来维护匹配的开始和结束状态。这属于控制。

如果我们做得好，还可以抽象出一个像程序的文法分析一样的东西。这也是控制。

然后，我们把匹配 * 和 ? 的算法组成不同的匹配策略。

这样，我们的代码就会变得漂亮一些了，而且也会快速一些。

这里有一篇关于正则表达式高效算法的论文“Regular Expression Matching Can Be Simple And Fast”。我推荐你去读一下，里面有相关的实现，这里就不再多说。

在这里，我想说的是，编程的本质是由逻辑、控制和数据构成的，其中逻辑和控制是关键，具体参见图 10-1。需要注意的是，这与系统架构也有相通的地方。逻辑是指业务逻辑和逻辑过程的抽象，再加上一个由术语表示的数据结构的定义。控制逻辑与业务逻辑没有关系，你控制，它执行。

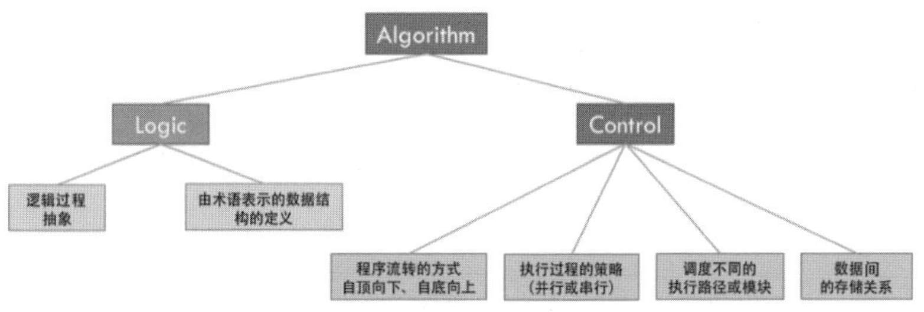

图 10-1 编程的本质由逻辑、控制和数据构成

控制程序流转的方式，即程序执行的方式，包括并行或串行、同步或异步、调度不同的执行路径或模块，以及数据之间的存储关系，等等。这些都与业务逻辑无关。

如果你看过那些混乱不堪的代码，你会发现其中最大的问题是我们把 Logic 和 Control 纠缠在一起了。这样会导致代码混乱，难以维护，Bug 很多。绝大多数程序出现复杂度的原因就是这个问题，就如同图 10-2 中所表现的情况一样，机房布线相互纠缠，十分混乱。

图 10-2　相互纠缠的机房布线

再来看一个简单的示例。这里给一个检查用户表单信息的常见代码示例，我相信这样的代码你见得比较多。

```
function check_form_x() {
    var name = $('#name').val();
    if (null == name || name.length <= 3) {
        return { status : 1, message: 'Invalid name' };
    }

    var password = $('#password').val();
    if (null == password || password.length <= 8) {
        return { status : 2, message: 'Invalid password' };
    }

    var repeat_password = $('#repeat_password').val();
    if (repeat_password != password.length) {
        return { status : 3, message: 'Password and repeat
password mismatch' };
    }

    var email = $('#email').val();
    if (check_email_format(email)) {
        return { status : 4, message: 'Invalid email' };
    }
    ...
    return { status : 0, message: 'OK' };

}
```

实际上，我们可以编写一个 DSL 及其解析器，例如：

```
var meta_create_user = {
    form_id : 'create_user',
    fields : [
        { id : 'name', type : 'text', min_length : 3 },
        { id : 'password', type : 'password', min_length : 8 },
        { id : 'repeat-password', type : 'password', min_
length : 8 },
        { id : 'email', type : 'email' }
    ]
};

var r = check_form(meta_create_user);
```

这样，DSL 的描述是“Logic”，而我们的 check_form 则成了“Control”，代码就非常好看了。

在编程的过程中，出现代码复杂度的原因来自多方面，其中一些原因如下：

首先，代码的复杂度取决于业务逻辑的复杂度和控制逻辑的复杂度，控制逻辑的复杂度加上业务逻辑的复杂度会导致程序代码混乱不堪。这可能会导致开发人员花费大量时间来维护和调试代码。这两个逻辑的复杂度越高，程序代码就越难以理解和维护。因此，开发人员应该尽可能简化业务逻辑和控制逻辑，以便更好地理解和维护代码。

其次，大多数程序复杂度高的根本原因是业务逻辑和控制逻辑的耦合。如果这两个逻辑不被清晰地分离，那么代码的复杂度可能会大大增加。因此，开发人员应该尽可能将业务逻辑和控制逻辑分离，并使用面向对象编程等技术来减少耦合度。

最后，代码的复杂度可能还受到其他因素的影响，例如代码风格、注释和文档等。因此，在编写代码时，开发人员应该尽量避免过度复杂的逻辑结构，并确保代码具有良好的可读性和可维护性。同时，开发人员应该编写清晰的注释和文档，以便其他开发人员能更好地理解和使用代码。

为了实现编程中的各部分解耦，我们可以使用以下技术：

- 状态机，包括：
  - 状态定义
  - 状态变迁条件
  - 状态的行为
- 领域特定语言（Domain-Specific Language，DSL）
  HTML、SQL、UNIX Shell Script、AWK、正则表达式……
- 编程范式
  - 面向对象：委托、策略、桥接、修饰、IoC/DIP、MVC……
  - 函数式编程：修饰、管道、拼装
  - 逻辑推导式编程：Prolog

编程是一项深奥的技能，学好编程需要掌握许多概念和技巧。其中，Logic 部分是编程的核心，涉及如何实现程序的功能和逻辑。而 Control 部分则是影响 Logic 部分的效率，包括如何控制循环、条件语句和函数的调用等。虽然 Control 部分不是编程的核心，但它同样是编写高效程序的关键。因此，我们需要在编程过程中注重逻辑思考，同时也要注意代码的可读性和效率。

11

优质代码

优质代码既是每个程序员职业生涯孜孜以求的目标，也是超一流程序员务必恪守的底线。程序员的修炼途中有原则、有陷阱、有戒律、有典范。本章内容旨在示范如何编写易读、易维护、易重用且质量有保证的代码。

整洁代码四原则

虽然有很多编码规则，但是我们在进行代码评审时还是经常看到非常混乱的代码。以下四个基本的编码原则可以帮助我们做出有效改进，而且适用于各种编程语言。

1. 简单的方法

简单才易读，简单才易用，简单才能重用，简单才能保证质量。把一件事变复杂是一件简单的事，而把一件事变简单则是一件复杂的事。KISS（Keep It Simple and Stupid）和“Do one thing, Do it best”哲学告诉我们，在设计和制作产品之初，不用考虑所有的因素。否则，事情会变得一团糟。正确的做法是，将复杂和困难的任务分解成一个个简单而单一的任务，然后再将它们拼装起来，这是完成一个庞大且复杂的项目的通用方法。

维护代码的成本比创建代码的成本要高得多。因此，一个简短的方法不仅方便阅读、维护和重用，而且对排错、调试和测试也大有裨益。例如，一个简单的方法或函数，可以让单元测试、功能测试、性能测试、代码覆盖和质量保证都变得相当简单。这些高质量的方法最终组成高质量的产品，并在代码的持续改进中继续发挥作用。

2. 选择直观的变量名和方法名

无论是变量名还是方法名，都不能太长或太短。一个好的名称应该是能“自解释的”、直观的、望文知义的。通常来说，一个好的方法名应该让人知道该方法是用来做什么事情的，比如 GetComputerName(), isAdmin。一个好的变量名应该让人知道该变量的类型（整型、浮点、指针等）和种类（全局、成员、局部、静态等）。

3. 只写有意义的注释

代码写得好就不需要注释。与其把大量时间花费在写注释上，还不如花在代码重构上，简洁易读的代码比详细的注释更有意义。另外，如果需要使用注释来生成文档，也不需要把注释写得太过复杂。用于生成 API 文档的注释，关键不在于说明功能如何实现，而在于告诉别人 API 能做什么及如何使用。总之，简单明了的代码不需要注释。

4. 让代码可读

代码不仅要供编译器阅读，更应该供同事和其他人阅读。因此，一定要遵守团队内部的编码规范或代码风格，千万不要在代码中使用“抖机灵”式的技巧，或是偷懒。这样做只会导致两个结果：一是代码会被后来人嘲笑；二是以后维护代码时需解决遗留问题。编码只需坚持最基本的 KISS 和 DRY（Don’t Repeat Yourself）原则，剩下的事情顺其自然就好。

五种不当代码注释

注释应该用来解释代码的功能和设计思路等，而不是代码本身。注释应该说明代码主要完成什么样的功能，该段代码存在的合理性，其主要算法是怎么设计的，等等。此外，TODO 注释是一个好的标志，但仅应存在于还未发布的项目中。下面是国外程序员列举的五种应该避免的程序注释，他们的一些观点比较有道理，但也有少数几个并不是很有道理。以下是原文中列举的五种应该避免的代码注释与我的个人观点，希望对大家有用。

1. 自恋型注释

“有的程序员对于自己所做的代码改动非常骄傲，认为有必要在这些代码上标上自己的名字。其实，一个版本控制工具（如 CVS 或 Git）可以完整记录所有的代码改动及作者相关信息，只不过没那么明显而已。”（示例如下。）

```
public class Program
{
    static void Main(string[] args)
    {

        string message = "Hello World!";  // 07/24/2010 Bob
        Console.WriteLine(message); // 07/24/2010 Bob

        message = "I am so proud of this code!"; // 07/24/2010 Bob
        Console.WriteLine(message); // 07/24/2010 Bob
    }
}
```

我同意这一观点。在我的团队中也出现过这种情况。我认真思考过是否应该将签名注释从代码中移除，后来，我认为这种行为并不一定是坏事，原因如下。

- 调动程序员的积极性更为重要。既然这种无伤大雅的方式可以让程序员有成就感，为什么要阻止呢？
- 可以鼓励程序员采取负责任的态度。程序员敢把自己的名字放在代码里，说明对代码有信心。他肯定知道如代码有问题，自己的声誉也将受损。敢于对自己的代码负责任，不正是我们需要的吗？

基于上述考虑，从技术角度来看这样的注释不好，但从团队激励和管理角度来看或许有可取之处。因此，我既不阻止也不鼓励此类行为。

2. 废弃代码的注释

“如果某段代码不再使用了，那就应该直接删除，而不应该使用注释来标记废弃的代码。我们有版本控制工具来管理源代码，在版本控制工具中，代码是无法被删除的。所以，总是可以从以前的版本中找回代码。”（示例如下。）

```
public class Program
{
static void Main(string[] args)
{
    /* This block of code is no longer needed
    because we found out that Y2K was a hoax
    and our systems did not roll over to 1/1/1900 */
    //DateTime today = DateTime.Today;
    //if (today == new DateTime(1900, 1, 1))
    //{
    //    today = today.AddYears(100);
    //    string message = "The date has been fixed for Y2K.";
    //    Console.WriteLine(message);
    //}
}
}
```

我非常同意这一观点。注释的作用并不是删除代码。也许你考虑到迭代开发中被注释的代码在未来很有可能被再次使用，只是暂时用不到，于是先做注释，以便未来某一天再使用。在这种情况下可以这样做，但需要明确这段代码不是“废弃”的，而是“暂时”不需要的。因此，无须教条式地在程序源码中杜绝这样的注释，是否“废弃”才是关键。

3. 明显的注释

“在下面的例子中，代码比注释还容易读。大家都是程序员，一些简单的、显而易见的程序逻辑不需要注释。此外，也不需要在注释中教别人如何编程，那样只会浪费时间。注释应该用来解释代码的功能和设计思路等，而不是代码本身。”

```
public class Program
{
    stati void Main(string[] args)
    {
        /* This is a for loop that prints the
        * words "I Rule!" to the console screen
        * 1 million times, each on its own line. It
        * accomplishes this by starting at 0 and
        * incrementing by 1. If the value of the
        * counter equals 1 million the for loop
        * stops executing.*/
        for(int i = 0; i < 1000000; i++)
        {
            Console.WriteLine("I Rule!");
        }
    }
}
```

我非常同意这一观点。最理想的境界是，代码写得清晰易读，代码本身就是自解释的，根本不需要注释。注释应该说明代码主要实现什么样的功能、为什么需要这些功能，以及主要算法是怎么设计的，而不是解释代码是如何工作的。很多新手程序员在这方面都做得不够好。此外，代码注释不宜过多。如果注释太多，应该考虑写成文档。

4. 故事型注释

“即使必须在注释中提及需求，也不应提及人名。在下面的示例中，注释似乎想告诉其他程序员，代码的作者是销售部的 Jim，有任何问题请去问他。其实在注释中没必要提到与代码无关的事情。”

```
public class Program
{
    static void Main(string[] args)

    {

        /* I discussed with Jim from Sales over coffee
        * at the Starbucks on main street one day and he
        * told me that Sales Reps receive commission
        * based upon the following structure.
        * Friday: 25%
        * Wednesday: 15%
        * All Other Days: 5%
        * Did I mention that I ordered the Caramel Latte with
        * a double shot of Espresso?
        */

        double price = 5.00;
        double commissionRate;
        double commission;
        if (DateTime.Today.DayOfWeek == DayOfWeek.Friday)

        {
            commissionRate = .25;
        }
        else if (DateTime.Today.DayOfWeek ==
DayOfWeek.Wednesday)
```

```
        {
            commissionRate = .15;
        }
        else
        {
            commissionRate = .05;
        }
        commission = price * commissionRate;
    }
}
```

在代码中掺入和代码不相干的内容可能有以下潜台词。

- “是那些所谓的‘高手’逼着我这么写代码的，所以我要把他的名字放在这里让所有人看看他有多傻。”
- “我对需求并不了解，所以在这里放一个联系人，以便你可以去询问他。”

如果上级提出很不明智的想法，你应该先尽量沟通。如果沟通无济于事，你应该让上级或那个“高手”很正式地把他的想法和方案写在文档或电子邮件里，然后你再执行。这样，如出现问题，你可以用文档和邮件免责，而不是在代码里泄愤。

如果不了解需求，应该将联系人或提需求的人写到需求文档中，而不是写到代码里。要使用流程来管理工作，而不是使用注释。

当然也有例外。我的团队中有人喜欢在注释或文档里写一些名人名言，甚至写一些“段子”。我并不鼓励这么做，但如果有利于培养团队文化，有利于让成员对工作更感兴趣，有利于团队在一种轻松愉快的氛围下读、写代码，何乐而不为？

管理者应该不时地看看程序员的注释，因为那里可能会有程序员最真实的想法和情绪，对注释有所了解也有利于管理。

5. TODO 注释

“在项目开始时，TODO 注释非常有用。但是如果这些注释在产品源代码中存在多年，就会成为问题。如果需要修复错误，请及时完成，而不是留下 TODO 注释。”（示例如下。）

```
public class Program
{
    static void Main(string[] args)
    {
        //TODO: I need to fix this someday - 07/24/1995 Bob
        /* I know this error message is hard coded and
        I am relying on a Contains function, but
        someday I will make this code print a
        meaningful error message and exit gracefully.
        I just don't have the time right now.
        */
        string message = "An error has occurred";
        if(message.Contains("error"))
        {
            throw new Exception(message);
        }
    }
}
```

如果只存在于还未发布的项目中，TODO 注释是一个有用的标记。软件产品一经发布，代码中就不应该还有 TODO 标记。也许有人会在 TODO 注释中记录下一个版本要做的事，但是，应该使用项目管理或需求管理的方法来管理下一个版本要做的事，而不是使用代码注释。通常，在项目发布前应该检查一下代码中的 TODO 标记，并决定是立即完成还是以后完成所标记的事情。如果打算以后完成，那么应该将其纳入项目管理或需求管理的流程。

优质代码的十诫

写出优质代码所需的严谨性和精确性怎么强调都不过分，因此在实践中有必要引入科学的规约并予以执行。

1. DRY

DRY 是一个极其简单且容易理解的法则，但也可能是最难付诸实践的法则，因为它对泛型设计的要求不低。这意味着，当我们在两个或多个地方发现相似的代码时，需要将它们的共性抽象出来，形成唯一的新方法，并且修改现有代码，在某处以一些合适的参数调用这个新方法。

DRY 法则如此通用，以至于没有哪个程序员对其存有异议。但还是有人在编写单元测试时将其抛在脑后。想象一下，当我们改变一个类的若干接口时，如果没有遵循 DRY 法则，那么调用这些接口的单元测试都需要手动修改。如果在单元测试的多个测试用例中没有一个标准的共用构造类的方法，而是每个测试用例独自构造类的实例，那么，当类的构造函数被改变时，需要修改的测试用例是何其多。这就是不使用 DRY 法则带来的恶果。

2. 短小的方法

短小的方法可以让代码更易于阅读、重用（耦合少）和测试。

3. 良好的命名规范

有统一的命名规范可以使程序代码更易于阅读和维护。当类、函数和变量的名称能望文知义时，所需要的文档和沟通可以大大减少。

4. 赋予每个类正确的职责

一个类匹配一个职责符合类设计的 SOLID 原则。但我们强调的不是单一的职责，而是正确的职责。如果有一个叫作 Customer 的类，就不应该让这个类有 sales 方法，而只能让这个类有和 Customer 最相关的方法。

5. 把代码组织起来

可以从两个层面把代码组织起来。

- 物理层组织：无论是什么样的目录、包或命名空间结构，都需要用一种标准的方法把类组织起来，以方便查找。这是一种物理层上的代码组织。
- 逻辑层组织：主要是指如何通过某种规范将两个不同功能的类或方法联系和组织起来。逻辑层组织主要关注程序模块间的接口，也就是关注程序的架构是什么。

6. 创建大量的单元测试

单元测试最容易发现 Bug，此时修改 Bug 的成本也最低，单元测试决定着软件的整体质量。只要有可能，就应该编写更多、更好的单元测试用例。这样，在未来修改代码时，就可以轻松知道修改是否影响其他单元。

7. 经常重构

软件开发是一个不断探索的过程。为了跟上最新的需求变化，需要经常重构自己的代码。当然，重构是有风险的，不是所有的重构都会成功，也不是随时都可以重构。要注意以下两个重构代码的先决条件，以免引入更多 Bug，或者使本来糟糕的代码变得更糟糕。

- 必须有大量的单元测试加以保障。
- 将每次点滴式的小型重构积累起来，代替大的重构。因为，我们经常会在三小时后放弃重构两千行代码的计划，然后将代码恢复到初始版本。

8. 程序注释是邪恶的

这一观点一定会引起争议。理论上程序注释的确有用，但实践中的注释质量往往不高，因为大部分程序员的表达能力有限。而且，我们在阅读程序的时候，往往会直接阅读代码。因此，如果注释写得不够好，那么还不如把更多的时间花在重构上，让代码更加清晰易读。

9. 注重接口而不是实现

这是一个经典规则。接口注重的是抽象，实现注重的是细节。接口相当于一种合同契约，而细节则相当于对这种合同契约的运作和实现。运作可以很灵活，而合同契约则需要保持相对稳定甚至不变。如果一个接口由于没有设计好而需要经常变化，那么因此带来的成本不容小觑。所以，在软件开发和调试中，重中之重是接口，而不是实现。然而，程序员总是更注重实现细节，竭力保证局部代码的质量，却保证不了软件的整体设计质量。这一点很值得我们反思。

10. 代码审查机制

一个人出错的概率大一些，两个人出错的概率就会小一些，人越多出错的概率就会越小。因为不同的人能从不同角度看待问题。虽然人多可能导致无效率的争论，但考虑到软件发布后的维护成本，让不同的人来审查代码还是值得的。代码审查不但是发现问题最有效的机制，同时也是一种共享知识的机制。不过，代码审查需要遵循几个基本原则。

- 审查者的能力一定要大于或等于代码作者的能力，否则代码审查就成了一种对新手审查者的培训。
- 为了让审查者不敷衍，要让审查者对审查过的代码负主要责任，而不是代码的作者。

- 代码审查应该在代码编写的过程中不断迭代，而不是只在代码编写完后进行。我的建议是，无论代码是否写完，代码审查都应该每隔几天进行一次。

更优的函数式编程

1. 函数式编程的特点

- 不可变数据：默认情况下变量是不可变的。如果要修改变量，需要将变量复制出来进行修改，以减少程序中的 Bug。程序状态的维护很困难。想象一下，如果程序有一个复杂的状态，当别人修改你的代码时，很容易出现 Bug，在并行情况下更是如此。
- 一等公民函数：这种技术使函数可以像变量一样使用，也就是说，函数可以像变量一样创建、修改，并且可以像变量一样在函数中传递、返回或嵌套。这有点像 JavaScript 中的 prototype。
- 尾递归优化：递归的缺点是，如果递归太深，堆栈会溢出，性能也会大幅下降。尾递归优化在每次递归时都会重用堆栈以提高性能。当然，这需要语言或编译器的支持，Python 就不行。

2. 函数式编程的关键技术

- Map & Reduce：函数式编程最常见的技术就是对一个集合做 Map 和 Reduce 操作。比起过程式的语言，其代码更容易阅读。
- Pipeline：可以把函数实例化成一个个 Action，并且把一组 Action 放到一个数组或列表中，然后把数据传到这个列表中。数据依次被各个函数操作，最终得到我们想要的结果。
- 递归：递归最大的好处是简化代码，可以用简单的代码描述复杂的问题。递归的精髓是描述问题，而这正是函数式编程的精髓。

- Currying：把一个函数的多个参数分解成多个函数，然后把函数层层封装，每层都返回一个函数去接收下一个参数，这样可以简化函数的多个参数。
- 高阶函数：将作为参数传给它的函数进行封装，然后返回这个封装的函数。在高阶函数中看上去函数一直在传进传出。

3. 函数式编程的优点

- 并行性：在并行环境下各个线程之间不需要同步或互斥。
- 惰性求值（需要编译器的支持）：表达式不会在绑定到变量之后就立即求值，而是在需要取用该值的时候求值。例如，x:=expression;会把一个表达式的结果赋值给一个变量，但是不会立即计算该表达式的值，而是在需要表达式的值时才计算。表达式的求值可以被延迟，直到需要生成某个想让外界看到的符号时，再一并计算快速增长的依赖树。
- 确定性：在数学中，一个函数的输入和输出是确定的，即 $f(x) = y$。这意味着无论在什么情况下该函数都会产生相同的结果。函数式编程可以实现这种确定性，而不是像许多编程语言中的函数那样，对于同样的参数在不同情况下会计算出不同的结果。一个函数的结果只取决于它的输入，而不取决于它的运行时状态。

如何写好函数式代码

下面，我们通过一些例子来进一步理解函数式编程。

1. 代码对比

对程序的需求是：从一个数组中查找一个数，采用 $O(n)$算法，如果找不到则返回 null。下面是常规的老方法。

```
//常规版本
    function find(x, y) {
    for (let i = 0; i < x.length; i++) {
        if (x[i] == y) return i;
    }
    return null;
}

let arr = [0,1,2,3,4,5]
console.log(find(arr, 2))
console.log(find(arr, 8))
```

在函数式编程中，代码变成了下面这个样子。为了消除 if 语句，使其看起来更像一个表达式，这里使用了?表达式。

```
//函数式版本
const find = (f => f(f)) (f =>
    (next => (x, y, i = 0) =>
        (i >= x.length) ? null :
            (x[i] == y) ? i :
                next(x, y, i+1))((...args) =>
                (f(f))(...args)))

let arr = [0,1,2,3,4,5]
console.log(find(arr, 2))
console.log(find(arr, 8))
```

要理解这段代码，需要先补充一些知识。

2. 箭头函数

首先简单说明一下 ECMAScript 2015 引入的箭头函数。箭头函数其实都是匿名函数，基本语法如下。

```
(param1, param2, …, paramN) => { statements }
(param1, param2, …, paramN) => expression
    // 等于 :  => { return expression; }

// 当只有一个参数时,才可以不加括号:
(singleParam) => { statements }
singleParam => { statements }
```

```
//如果没有参数,就一定要加括号:
() => { statements }
```

下面是一些示例。

```
var simple = a => a > 15 ? 15 : a;
simple(16); // 15
simple(10); // 10

let max = (a, b) => a > b ? a : b;

// Easy array filtering, mapping, ...

var arr = [5, 6, 13, 0, 1, 18, 23];
var sum = arr.reduce((a, b) => a + b);  // 66
var even = arr.filter(v => v % 2 == 0); // [6, 0, 18]
var double = arr.map(v => v * 2);       // [10, 12, 26, 0, 2,
36, 46]
```

箭头函数的语法看起来并不复杂。不过，前面两个例子中的simple和max都将箭头函数赋值给一个变量，因此它们就有了一个名称。有时候，某些函数在声明时就会被调用，尤其是在函数式编程中，有些函数则在对外返回函数时才被调用，示例如下。

```
function MakePowerFn(power) {
   return function PowerFn(base) {
      return Math.pow(base, power);
   }
}

power3 = MakePowerFn(3); //创建一个求 x 的 3 次方的函数
power2 = MakePowerFn(2); //创建一个求 x 的 2 次方的函数

console.log(power3(10)); //10 的 3 次方 = 1000
console.log(power2(10)); //10 的 2 次方 = 100
```

其实，MakePowerFn 函数中的 PowerFn 函数根本不需要命名，完全可以写成：

```
function MakePowerFn(power) {
    return function(base) {
        return Math.pow(base, power);
    }
}
```

如果用箭头函数，可以写成：

```
MakePowerFn = power  => {
    return base => {
        return Math.pow(base, power);
    }
}
```

还可以写得更简洁（如果用表达式，就不需要 { 和 }及 return 语句）：

```
MakePowerFn = power => base => Math.pow(base, power)
```

加上括号并换行，代码看起来更清楚一些：

```
MakePowerFn = (power) => (
(base) => (Math.pow(base, power))
)
```

掌握了上面的知识，我们就可以进入更高级的话题。

3. 匿名函数的递归

函数式编程的宗旨是用函数表达式消除带有状态的函数和 for/while 循环。因此，在函数式编程中，不应该使用 for/while 循环，而应该使用递归。递归的性能不佳，因此通常使用尾递归进行优化，即将函数计算的状态作为参数一层一层地向下传递，这样语言的编译器或解释器就不需要使用函数栈来保存函数的内部变量状态了。

那么，匿名函数该如何进行递归呢？一般来说，就是函数自己调用自己，例如，求阶乘。

```
function fact(n){
    return n==0 ? 1 :  n * fact(n-1);
};
```

```
result = fact(5);
```

在匿名函数中，应该如何编写这个递归呢？可以把匿名函数作为参数传递给另一个函数。由于参数有名称，因此可以调用自身。

```
function combinator(func) {
    func(func);
}
```

是不是有点作弊的嫌疑？下面把上面这个函数改成箭头函数式的匿名函数。

```
(func) => (func(func))
```

现在不像作弊了吧？把上面那个求阶乘的函数套进来是这个样子。

```
(fact(fact, n))
```

首先重构一下 fact，把 fact 中调用自己的名称去掉。

```
function fact(func, n) {
    return n==0 ? 1 :  n * func(func, n-1);
}

fact(fact, 5); //输出 120
```

然后，再把上面这个版本变成箭头函数式的匿名函数版。

```
var fact = (func, n) => ( n==0 ? 1 :  n * func(func, n-1) )
fact(fact, 5)
```

这里，依然要用一个 fact 来保存这个匿名函数。我们继续让匿名函数在声明时就调用自己。也就是说，我们要把以下这个函数当成调用参数

```
(func, n) => ( n==0 ? 1 : n * func(func, n-1) )
```

传给下面这个函数。

```
(func, x) => func(func, x)
```

最终得到下面的代码：

```
( (func, x) => func(func, x) ) (  //函数体
    (func, n) => ( n==0 ? 1 :  n * func(func, n-1) ), //第一
```

```
个调用参数
        5 //第二个调用参数
    );
```

好像有点复杂，需要继续优化。

4. 高阶函数的递归

由于递归的匿名函数调用了自身，代码中出现了硬编码的实参。想要去掉这些实参，可以参考之前提到的 MakePowerFn 示例，不过这次用的是递归版本的高阶函数。

```
HighOrderFact = function(func){
    return function(n){
        return n==0 ? 1 : n * func(func)(n-1);
    };
};
```

可以看出，在上面的代码中，需要一个函数作为参数来返回这个函数的递归版本。那么，该如何调用它呢？

```
fact = HighOrderFact(HighOrderFact);
fact(5);
```

组合起来就是以下代码。

```
HighOrderFact ( HighOrderFact ) ( 5 )
```

但是，这样用户调用起来很不方便。可以用一个函数来简化。

```
fact = function ( hifunc ) {
    return hifunc ( hifunc );
} (
    //调用参数是一个函数
    function (func) {
        return function(n){
            return n==0 ? 1 : n * func(func)(n-1);
        };
    }
);
fact(5); //于是我们就可以直调使用了
```

用箭头函数重构一下，是不是简洁了一些？

```
fact = (highfunc => highfunc ( highfunc ) ) (
   func => n =>  n==0 ? 1 : n * func(func)(n-1)

);
```

这就是求阶乘的最终版函数式编程的代码。

5. 回顾之前的程序

我们再来看一下那个查找数组元素的正常程序。

```
//正常的版本
function find (x, y) {
   for ( let i = 0; i < x.length; i++ ) {
      if ( x[i] == y ) return i;
   }
   return null;
}
```

先把 for 去掉，改成以下递归版本。

```
function find (x, y, i=0) {
   if ( i >= x.length ) return null;
   if ( x[i] == y ) return i;
   return find(x, y, i+1);
}
```

然后，编写一个带实参的匿名函数的版本。其中的 if 代码被重构成了？表达式。

```
( (func, x, y, i) => func(func, x, y, i) ) (  //函数体
   (func, x, y, i=0) => (
      i >= x.length ?  null :
         x[i] == y  ?  i : func (func, x, y, i+1)
   ), //第一个调用参数
   arr, //第二个调用参数
   2 //第三个调用参数
)
```

最后，引入高阶函数并去除实参。

```
const find = ( highfunc => highfunc( highfunc ) ) (
   func => (x, y, i = 0) => (
```

```
            i >= x.length ?  null :
                x[i] == y  ?  i : func (func) (x, y, i+1)
        )
    );
```

函数式编程一定要用 const 修饰符，这表示函数的状态是不可变的。原来的版本在函数中又套了一层 next，而且还动用了不定参数。现在这个版本比原来的那个版本简单了很多。

写出优质代码并不是不可能完成的任务，只需养成正确的编码习惯、纠正不当的编码行为、警惕产生劣质代码，以及选择更先进的编程方式。优质的是代码，质优的是写代码的人。

12 编程范式

编程范式是一个关于编程语言的基础性和本质性的话题，非常重要。一方面，从一些关于编程语言的争论中可以看出，很多人对编程语言的认识其实并不深刻；另一方面，通过学习编程语言的编程范式，我们不仅可以了解整个编程语言的发展史，还能提高自己的编程技能，写出更好的代码。

从C语言到C++语言的泛型编程

如果说“程序 = 算法 + 数据”，那么C语言在泛型编程方面会有以下问题。

首先，一个通用的算法需要适配所需处理的数据类型，但对此C语言只能使用void* 或宏替换，这导致数据类型过于宽松，还带来很多其他问题。适配数据类型需要在泛型中加入类型的长度。因为无法识别被泛型化后（void*）的数据类型，而且C语言也没有运行时的类型识别，所以这个工作只能留给调用泛型算法的程序员来完成。

其次，数据被放置在数据结构中，算法实际上是在操作数据结构。因此，真正的泛型除了需要适配数据类型，还需要适配数据结构，最终导致泛型算法的复杂性急剧上升。例如，对于容器的内存，不同数据结构可能有不一样的内存分配和释放模型；存储对象之间的复制则牵涉到采用深拷贝还是浅拷贝的问题。

最后，在实现泛型算法时，由于没有定论，程序员总是纠结于哪些东西可以封装起来，哪些东西应该留给调用者处理。

总的来说，C 语言的设计目标是提供一种编程语言，能够简单编译、处理底层内存、产生少量机器码，以及不需要任何运行环境支持就能运行。C 语言也很适合与汇编语言一起使用，它基于如下设计理念，将非常底层的控制权交给程序员。

- 相信程序员。
- 不会阻止程序员做任何底层的事情。
- 保持 C 语言最简洁的特性。
- 哪怕牺牲可移植性，也要保证 C 语言的最快运行速度。

从某种角度来说，C 语言的伟大和优雅之处在于，它在高级语言的特性之上还能简单地完成各种底层的微观控制。因此，也有人说，C 语言是高级语言中的汇编语言。不过，这一优势只是针对底层指令控制和过程式的编程方式而言的。与更高阶、更为抽象的编程模型相比，C 语言这种基于过程和底层的设计初衷会成为短板。因为，在实践中更多的编程工作是用来解决业务上的问题的，而非计算机自身的问题，所以贴近业务、更为抽象的编程语言更受欢迎，比如后来出现的 C++。

自 1972 年 C 语言诞生后，C++、Java、C# 等编程语言不断涌现，试图解决不同时代的特定问题。我们不能否定某种编程语言诞生的价值，但可以确定的是，每种编程语言都在持续优化和迭代，同时新的编程语言也不断带来让人眼前一亮的新特性。

编程范式其实就是程序的指导思想，代表了编程语言的设计方式。不同编程范式各有千秋，我们不能说哪种更为超前。比如，C 语言这种过程式编程语言灵活、高效，特别适合开发运行较快且对系统资源利用率要求较高的程序，但是受编程范式先天局限的影响，它没有试图去解决泛型编程问题。

C++为了解决C语言的各种问题和不便，做出如下一些重要改进。

- 用引用解决了指针的问题。
- 用 namespace 解决了命名空间冲突的问题。
- 通过 try-catch 解决了检查返回值编程的问题。
- 用 class 解决了对象的创建、复制和销毁的问题。这使得在结构体嵌套时深度复制可以顺利进行，从而解决了内存安全问题。
- 通过重载操作符实现了泛型操作。
- 通过模板、虚函数多态及运行时类型识别实现了更高级别的泛型和多态。
- C 语言对资源释放的需求，导致代码存在丑陋且容易出错的问题，C++通过 RAII 和智能指针等方式解决了这个问题。
- 用 STL 解决了 C 语言中各种算法和数据结构的问题。

理想情况下，算法应该和数据结构及类型无关，我们只需关心标准的实现，其他事情交给各种特殊的数据类型即可。而对于泛型的抽象，需要回答的问题是，如果数据类型符合通用算法，那么对数据类型的最小需求是什么？C++最大的意义正在于解决了C语言的这一泛型问题。其说明书中一半以上的内容都在介绍 STL 的标准规格，由此可见一斑。C++ 主要通过技术有效解决了程序泛型问题。

- C++ 用构造函数和析构函数来表示类的分配和释放，用拷贝构造函数表示对内存的复制，用重载操作符表示大于、等于、不等于的比较。这样用户自定义的数据类型和内建的数据类型就非常一致了。
- 通过模板达成类型和算法的妥协。模板有点像 DSL，会根据使用者的类型在编译时生成模板的代码。模板可以通过虚拟类型来实现类型绑定，这样在类型转换时不会出问题，从而完美解决了 C 语言时代宏定义带来的问题。

- 通过虚函数和运行时来进行类型识别。虚函数带来的多态在语义上可以支持“同一类”的类型泛型，运行时的类型识别技术让程序在运行状态下可以对泛型化的具体类型进行特殊处理。

这样一来，写出基于抽象接口的泛型，实现 C 语言很难做到的泛型编程就不难了。C 和 C++都是偏底层的编程语言。从底层的原理进行观察，可以更透彻地了解从 C 到 C++的演进过程带来的编程方式的变化，以及静态类型语言解决泛型编程的技术方法和思想奥妙。

泛型编程问题解决了，但如何实现更为抽象的泛型编程呢？答案之一就是拥抱函数式编程。

再议函数式编程

函数式编程其实非常古老。其基础模型来源于 λ 演算，而 λ 演算并没有用于计算机指令的执行。函数式编程是由 Alonzo Church 和 Stephen Cole Kleene 在 20 世纪 30 年代引入的一套形式系统，用于研究函数的定义、应用和递归。

数学表达式实际上是一种映射（Mapping），输入数据和输出数据之间的关系由函数定义，这也是函数式编程唯一关心的。

在函数式编程中，函数不维护任何数据状态。这意味着这种编程范式的核心思想是无状态的，也就是说，不存在状态。函数式编程这个黑盒子在接受并处理完数据后返回新的数据，而原始数据并不会被改变。输入数据是不可变的，如果非要变动就必须返回新的数据集。这种不可变性可以确保数据的一致性和可靠性。

由于函数式编程没有状态，我们可以放心地并行执行代码或拷贝代码，而不必担心状态冲突。函数式编程中的函数是独立的，没有相互依赖关系，因此也易于并行执行。函数式编程对函数的执行没有顺序上的要求，因此重构代码不会影响正确性。

函数式编程的劣势体现在数据复制上。由于函数式编程要返回新的数据集，数据复制的开销比较大，因此处理大量数据可能会影响程序的性能。

不同编程语言对纯函数式编程（也就是完全没有状态的函数）的支持有所不同。

- 完全支持纯函数式编程的语言：Haskell。
- 编写纯函数比较容易的语言：F#、OCaml、Clojure、Scala。
- 编写纯函数有些困难的语言：C#、Java、JavaScript。

所谓的纯函数只是对输入的数据进行计算，将处理后的结果复制一份后返回，因此没有状态的显示。

过程式编程可以很自然地把具体的流程描述出来，而函数式编程更抽象，有函数套函数、函数返回函数、在函数里定义函数等各种实现方式，这让有些程序员很不习惯。函数式编程描述的是“要做什么”，而不是“如何做”。因此，可以将过程式编程范式称为指令式编程，而将函数式编程范式称为声明式编程。

下面是一个基于 Python 语言的函数式编程示例，目的是将一个字符串数组中的所有字符串都转换为小写。该示例面向过程编程，代码如下：

```
# 传统的非函数式
upname =['HAO', 'CHEN', 'COOLSHELL']
lowname =[]
for i in range(len(upname)):
    lowname.append( upname[i].lower() )
print lowname
# 输出 ["hao", "chen", "coolshell"]
```

在函数式编程中可以使用 map 函数，代码如下。

```
# 函数式
```

```
def toLower(item):
     return item.lower()
low_name = map(toLower, ["HAO, "CHEN", "COOLSHELL"])
print low_name
# 输出 ["hao", "chen", "coolshell"]
```

在上面的例子中，我们定义了一个函数 toLower。这个函数不改变传入的值，只是对传入的值做简单的操作，然后返回一个新值。将这个函数用在 map 函数中，就可以清晰地描述我们想要做的事，而无须通过理解复杂的循环逻辑来理解如何实现代码。

因此，函数式编程的核心思想是将运算过程尽量表示为一系列嵌套的函数调用，而且声明式编程的确定性使得程序无论在什么场景下都会得到同样的结果。

面向对象编程

函数式编程要求写出无状态的代码。然而，世上并不存在没有状态的代码，得不到处理的状态总需要存储在一个地方。因此，出现了一种面向状态和数据处理的编程范式：面向对象编程（Object-Oriented Programming，OOP）。面向对象编程有三个核心特性：封装、继承和多态。

面向对象编程是一种程序开发的抽象方法。对象是类的实例，面向对象编程将对象作为程序的基本单元，将程序和数据封装于其中，以提高软件的可重用性、灵活性和可扩展性。对象中的程序可以访问和修改与对象相关联的数据。在面向对象编程中，程序被设计成彼此相关的对象。

传统的程序设计将程序看作一系列函数的集合，或对计算机下达的一系列指令。而面向对象编程中每一个对象都能够接受、处理数据并将其传递给其他对象，因此都可以被看作一个个小型的“机器”。

面向对象编程增加了程序的灵活性和可维护性，在大型项目中得到了广泛应用。而且，它能够让程序的设计、维护、理解和分析更简单。几乎所有主流的编程语言都支持面向对象编程，如 Common Lisp、Python、C++、Objective-C、Smalltalk、Delphi、Java、Swift、C#、Perl、Ruby 和 PHP 等。经典的设计模式揭示了面向对象的两个核心理念。

- 面向接口编程，而不是面向实现编程：程序员不需要了解数据类型、结构、算法的细节，只需要知道对象提供的接口。这有利于实现抽象、封装、动态绑定和多态。
- 对象组合优于类继承：继承需要向子类暴露一些父类的设计和实现细节，父类的改变也需要子类做出相应的改变。相较于函数式编程，面向对象编程强调名词而非动词，更关注接口间的关系，通过多态来适配不同的具体实现。

面向对象的编程范式满足现实世界的需求，符合人类的直觉。它根据业务的特征形成一个个高内聚的对象，有效地分离了抽象和具体实现，增强了可重用性和可扩展性。此外，还有 SOLID 和 IoC/DIP 等大量优秀的设计原则和设计模式，可用来提高代码的效率和质量，保持代码的结构清晰，使代码易于维护。

当然，面向对象编程范式也有缺点。

- 代码需要附着在一个类上，这强化了数据的类型管理，也导致代码的冗长和可读性的下降。
- 代码需要通过对象来完成抽象，这造就了相当厚重的“代码黏合层”，有时会对代码的效率造成不良影响。因此函数式编程和泛型编程的支持者都非常排斥面向对象。
- 过多的封装及对状态的管理产生大量不透明的代码，并且在并发场景下该特点可能会造成很多问题，导致代码的可维护性降低。
- 学习、理解面向对象编程的概念和技巧对初学者来说可能会比较困难。

- 在 Java 中，Spring 的注入方法导致大量封装，而封装屏蔽了细节，让程序员很难知道具体发生了什么。

基于原型的编程

基于原型（Prototype）的编程其实也是面向对象编程的一种，它的主流编程语言是 JavaScript。它没有类的概念，又叫作基于实例的编程。

在基于类的面向对象编程中，类定义了对象的基本布局和函数特性，而接口是“可以使用的”对象；新实例通过类构造函数和可选参数来构建，构建出的实例由类选择的行为和布局创建模型。类表现为行为和结构的集合，对所有接口来说，类的行为和结构都是相同的。与基于类的编程范式提倡使用一个关注类和类之间关系的开发模型不同，原型编程范式提倡程序员关注一系列对象实例的行为，以及如何将对象划分给使用方式相似的原型对象，而不是将其分成类。

在基于原型的系统中，构造对象有两种方法：复制现有对象和扩展空对象。许多基于原型的系统主张在运行时修改原型，基于类的面向对象系统则不然，只有动态语言允许在运行时修改类，如 Common Lisp、Dylan、Objective-C、Perl、Python、Ruby 和 Smalltalk。

JavaScript 是基于原型编程的，因此不需要类，可以直接在对象上完成修改。下面是一个直接修改数据类型的示例。

```
var foo = {name: "foo", one: 1, two: 2};
var bar = {three: 3};
```

每个对象都有一个 __proto__属性，此即“原型”。对于上面的两个对象，如果把 foo 赋值给 bar.__proto__，那么 bar 的原型就成为 foo 的原型。

```
bar.__proto__ = foo; // foo is now the prototype of bar.
```

现在可以在 bar 中访问 foo 的属性了。

```
// If we try to access foo's properties from bar
// from now on, we'll succeed.
bar.one // Resolves to 1.

// The child object's properties are also accessible.
bar.three // Resolves to 3.

// Own properties shadow prototype properties
bar.name = "bar";
foo.name; // unaffected, resolves to "foo"
bar.name; // Resolves to "bar"
```

在 JavaScript 中，对象有两种表现形式：一种是 Object，另一种是 Function。

我们可以简单地认为，__proto__是所有对象用于链接原型的一个指针，而 prototype 则是 Function 对象的属性，其主要作用是在需要新建一个对象的时候，让__proto__指针有所指向。对于超级对象 Function 而言，Function.__proto__就是 Function.prototype。

在使用委托的基于原型的语言中，运行时可以通过序列的指针找到匹配的属性或数据，以定位或寻找正确的数据。所有这些创建、共享的行为需要的是委托指针。

原型与其分支之间的关系，与基于类的面向对象语言中类和接口的关系不同，原型并不要求子对象具有相似的内存结构。因此，子对象可以持续修改，而无须像基于类的系统那样需要调整整体结构。而且，除了数据，方法也能被修改。因此，大多数基于原型的语言把数据和方法称作 Slot。

在对象中直接修改数据和方法虽然具有运行时的灵活性，但也带来了执行的不确定性和安全性问题，使代码变得不可预测。与静态类型系统不同，基于原型的系统缺少一个不可变的契约，需要开发者自己来保证代码的确定性。

逻辑编程

Prolog（Programming in Logic）是一种基于逻辑学理论的编程语言，最初被应用于自然语言等研究领域。现在，它已被广泛应用于人工智能的研究，可用于构建专家系统、自然语言理解系统和智能知识库等。

Prolog 语言诞生于 1972 年，在北美和欧洲有着广泛的应用，最早由艾克斯-马赛大学的 Alain Colmerauer 和 Philippe Roussel 等人开发。1981 年，日本政府将 Prolog 用于开发 ICOT 第五代计算机系统。早期的机器智能研究领域是 Prolog 的天下。Borland 在 20 世纪 80 年代开发的 Turbo Prolog 推动了其普及。1995 年 ISO Prolog 标准确定。

与一般的函数式编程语言不同，Prolog 基于谓词逻辑理论。最基本的写法是建立对象与对象之间的关系，并允许通过查询目标的方式来查询各种对象之间的关系，系统会通过自动匹配和回溯来找出答案。

在 Prolog 代码中，以大写字母开头的元素是变量，以字符串、数字或以小写字母开头的元素是常量，下画线（_）被称为匿名变量。逻辑编程依靠推理，示例如下。

```
program mortal(X) :- philosopher(X).

philosopher(Socrates).
philosopher(Plato).
philosopher(Aristotle).

mortal_report:-
write('Known mortals are:'), nl, mortal(X),
write(X),nl,
fail.
```

这段 Prolog 程序包含以下几部分。

- 定义一个规则：哲学家是人类。
- 陈述事实：苏格拉底、亚里士多德、柏拉图都是哲学家。

- 提问：谁是人类？答案是苏格拉底、亚里士多德、柏拉图。

下面是逻辑编程的几个特征。

- 核心思想是将正规的逻辑风格带入计算机程序设计。
- 逻辑编程建立了描述一个问题的完整逻辑模型。
- 目标是为模型建立新的陈述，通过陈述来表示因果关系。
- 程序自动推导出相关的逻辑。

Prolog 这种逻辑编程将业务逻辑或算法抽象成只关注规则、事实和问题的推导。一旦采用这样的标准方式，就无须再关心程序控制和具体的实现算法，只需给出相应的规则和相关的事实，通过逻辑推导就可以解决问题。

程序世界里的编程范式

编程范式种类繁多，声明式、命令式、逻辑、函数式、面向对象和面向过程是主要的几类，如图 12-1 和 12-2 所示。

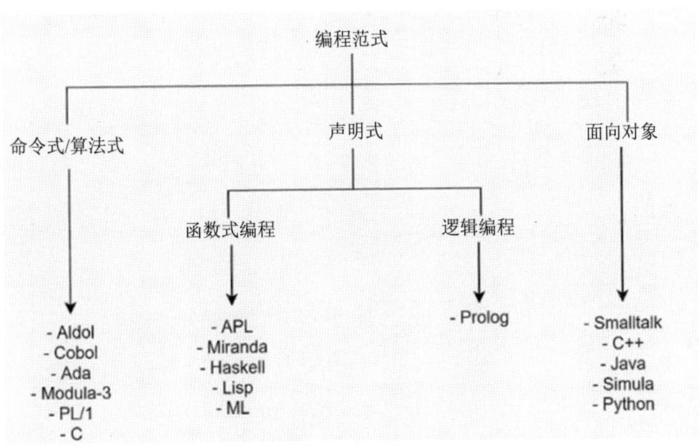

图 12-1　编程范式的分支及代表语言

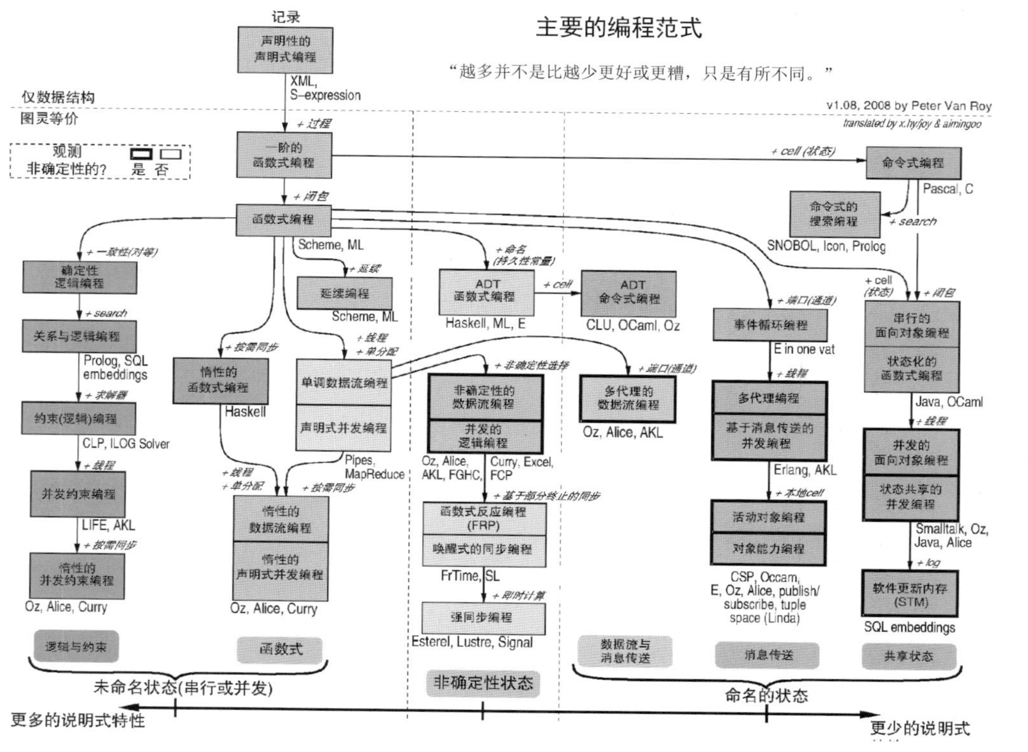
主要的编程范式
"越多并不是比越少更好或更糟，只是有所不同。"
v1.08, 2008 by Peter Van Roy
translated by x.hy/joy & aimingoo
记录
声明性的声明式编程
XML, S-expression
仅数据结构
图灵等价
观测非确定性的?
是
否
+过程
一阶的函数式编程
+闭包
函数式编程
Scheme, ML
+延续
延续编程
Scheme, ML
+一致性(对等)
确定性逻辑编程
+search
关系与逻辑编程
Prolog, SQL embeddings
+求解器
约束(逻辑)编程
CLP, ILOG Solver
+线程
并发约束编程
LIFE, AKL
+按需同步
惰性的并发约束编程
Oz, Alice, Curry
+按需同步
惰性的函数式编程
Haskell
+线程
+单分配
单调数据流编程
声明式并发编程
Pipes, MapReduce
+按需同步
惰性的数据流编程
惰性的声明式并发编程
Oz, Alice, Curry
+命名(持久性常量)
ADT函数式编程
Haskell, ML, E
+cell
ADT命令式编程
CLU, OCaml, Oz
+非确定性选择
非确定性的数据流编程
并发的逻辑编程
Oz, Alice, AKL, FGHC,
Curry, Excel, FCP
+基于部分终止的同步
函数式反应编程(FRP)
唤醒式的同步编程
FrTime, SL
+即时计算
强同步编程
Esterel, Lustre, Signal
+端口(通道)
多代理的数据流编程
Oz, Alice, AKL
+端口(通道)
事件循环编程
E in one vat
+线程
多代理编程
基于消息传送的并发编程
Erlang, AKL
+本地cell
活动对象编程
对象能力编程
CSP, Occam, E, Oz, Alice, publish/subscribe, tuple space (Linda)
+cell(状态)
命令式编程
Pascal, C
+search
命令式的搜索编程
SNOBOL, Icon, Prolog
+cell(状态)
+闭包
串行的面向对象编程
状态化的函数式编程
Java, OCaml
+线程
并发的面向对象编程
状态共享的并发编程
Smalltalk, Oz, Java, Alice
+log
软件更新内存(STM)
SQL embeddings
逻辑与约束
函数式
数据流与消息传送
消息传送
共享状态
未命名状态(串行或并发)
非确定性状态
命名的状态
更多的说明式特性
更少的说明式

图 12-2 编程范式概览

在图 12-2 中，越靠左的语言越接近声明式的编程语言，越靠右的语言越接近指令式的编程语言。函数式编程和逻辑编程在左侧，有状态和类型的编程语言则在右侧。

从另一个角度来看，程序世界里的编程范式基本上可以分为两类，一类解决数据和算法，一类解决逻辑和控制。表 12-1 描述了四种主要编程范式的特点及相关的编程语言。

表 12-1　主要编程范式的特点及相关的编程语言

编程范式	描述	主要的特性元素	相关的编程语言
Imperative 命令式	使用流程化的语句和过程直接控制程序的运行和数据状态	直接赋值 常用的数据结构 全局变量、局部变量 Goto 语句 顺序化数据的操作和迭代 以功能为主的模块化	C、C++、Java、PHP、Python、Ruby
Functional 函数式	通过数学函数表达式的方式来避免改变状态和使用可变的数据	代码公式化 Lambda 表达式 函数的包装和嵌套（高阶函数、Pipeline、Currying、Map/Reduce/Filetr） 递归（尾递归） 无数据共享或依赖 无副作用（并行、重构、组合）	C++、Clojure、CoffeeScript、Elixir、Erlang、F#、Haskell、Lisp、Python、Ruby、Scala、Sequencel、SML
Object-Oriented 面向对象	把一组字段和作用在其上的方法抽象成一个对象	对象封装 消息传递 隐藏细节 数据和接口抽象 多态 继承 对象的序列化和反序列化	Common Lips、C++、C#、Eiffel、Java、PHP、Python、Ruby、Scala
Declarative 声明式	定义计算的逻辑而不是定义具体的流程控制	4GL、电子表格、报表程序生成器	SQL、正则表达式、CSS、Prolog、OWL、SPARQL

可以用人的左脑和右脑来类比不同编程范式。左脑擅长理性分析，喜欢数据和证据。左脑思维是线性的，它让人容易陷入细节和倾向于具体化的思考。右脑富有想象力。右脑思维是非线性的和宏观的，它让人倾向于抽象化的思考。程序员基本上用左脑思考：当谈论 Java 是否是最好的程序设计语言时，很多人会纠缠于各种细节问题，这就是左脑在“从中作祟”。而函数式编程、逻辑编程和声明式编程的抽象能力都依赖于右脑，很难被主要使用左脑的程序员理解，因此一直火不起来。而指令式编程则需要使用左脑，所以用的人很多。

比起编程范式本身，其背后蕴含的设计思想和利弊权衡对程序员而言更有价值。作为资深程序员，通过了解和对比多种编程范式，我们可以建立对程序世界的全局视野，从而找到契合个人理念与公司业务的编程方式。

13 软件开发与架构设计的原则

软件设计和系统架构设计的原则都来自程序员的长期经验和反复实践。每一个程序员都需要对其做全面的了解和深入的思考，然后结合实际应用场景灵活运用，或是将这些原则推广到其他生产和生活场景中。

软件开发的不重复原则

不重复原则即 DRY 原则，该原则很容易理解，却很难应用。它的含义是，只要相似的代码出现不止一处，就必须将其共性抽象出来，形成唯一的新方法，还要对现有代码做变更，使其可以调用这个新方法并传递适当的参数。这对于泛型设计而言并不容易。

软件开发的大道至简原则

大道至简原则即 KISS 原则，该原则在软件设计领域备受推崇。如今，复杂的东西反而没那么受欢迎。KISS 原则体现于各个行业的生产中，例如，宜家简约且高效的设计和生产方式，微软“所见即所得”的理念，谷歌单纯且直接的商业风格，都是 KISS 原则的体现。苹果公司更是将其发挥到了极致。

软件开发的面向接口而非实现原则

这是设计模式中最根本的哲学：注重接口而非实现，依赖接口而非实现。接口是抽象而稳定的，而具体的实现则是多种多样的。面向对象设计的 SOLID 原则中提到的依赖倒置，其实就是这个原则的另一种表述方式。还有另一条原则叫作组合优于继承，二者均为经典设计模式中的基本原则。

软件开发的命令查询分离原则

遵守这一原则有利于提升系统的性能和安全性。当一个方法通过返回一个值来响应一个请求的时候，它就具有查询的性质。当一个方法要改变对象的状态的时候，它就具有命令的性质。通常情况下，一个方法可能基于纯命令模式或纯查询模式，也可能基于两者的混合体。在设计时应该尽量使接口单一化，保证方法的行为严格限于命令或查询。这样的查询方法不会改变对象的状态，没有副作用；而会改变对象的状态的方法不可能有返回值。

在实际应用中，需要权衡语义的清晰性和使用的简单性，针对具体情况做具体分析。将命令和查询功能并入一个方法虽然可方便客户使用，但是会降低语义的清晰性，可能会给基于断言的程序设计带来不便，并且需要一个变量来保存查询的结果。

软件开发的按需设计原则

这个原则基于软件开发首先是一场沟通博弈这一前提，强调如无必要则勿增复杂性，倡导只设计必需的功能，避免过度设计；只实现目前需要的功能，以后需要的功能以后再添加。

程序员或架构师在设计系统时，过多考虑扩展性，会使架构与设计间存在大量折中，最终导致产品失败。WebSphere 的设计者就曾承认自己过度设计——本来希望尽可能延长产品的生命周期，结果适得其反。

软件开发的迪米特法则

迪米特法则又称作最少知识原则（Principle of Least Knowledge）。Craig Larman 将其概括为“不要和陌生人说话”。《程序员修炼之道》中讲述 LoD 的那一章就叫“解耦合与迪米特法则”。关于迪米特法则，有一些形象的比喻：“想让狗跑，是对狗说话，还是对狗的四条腿说话”“去商店买东西，是把钱交给店员，还是让店员从你钱包里拿”——比喻中的荒唐事在代码中经常发生。

迪米特法则的正式表述为：对象 O 中的一个方法 M，应该只能够访问以下对象中的方法。

- 对象 O。
- 与 O 直接相关的组件对象。
- 由方法 M 创建或实例化的对象。
- 作为方法 M 的参数的对象。

在 *Clean Code: A Handbook of Agile Software Craftsmanship* 中有一段 Apache framework 违反迪米特法则的代码：

```
final String outputDir =
    ctxt.getOptions().getScratchDir().getAbsolutePath();
```

这一长串调用包含了其他对象的细节乃至这些细节的细节，增加了耦合，使得代码结构复杂而僵化，难以扩展和维护。

在 *Refactoring: Improving the Design of Existing Code* 中提到的 Feature Envy（依恋情结），形象地描述了代码违反迪米特法则的情况。Feature Envy 指的是一个对象总是羡慕别的对象的成员、结构或者功能，并且试图远程调用。这显然是不合理的。程序应该写得比较“害羞”，不能直接从客人的钱包里拿钱，简言之，“害羞”的程序只和自己最近的朋友交谈。在这种情况下，应该调整程序的结构，让对象拥有其他对象羡慕的特性，或者使用合理的设计模式（如 Facade 和 Mediator）。

软件开发的面向对象 SOLID 原则

SOLID 原则包含的五大设计原则几乎适用于所有软件开发场景。

1. 单一职责原则

一个类应该只承担一个职责，并且应该把这个职责尽可能地履行好，而且它所承担的职责只应有一个引起变化的原因。单一职责原则是高内聚低耦合原则的引申，将职责定义为引起变化的原因，以提高内聚性并减少引起变化的其他因素。当一个类的职责过多时，引起它变化的原因可能也会变多，这将导致职责之间产生依赖或相互影响，从而严重影响内聚性和耦合度。单一职责通常意味着一个类只实现单一的功能，因此不要为一个模块实现过多的功能点，以确保实体只有一个引起变化的原因。

UNIX/Linux 是这一原则的完美体现者，各个程序都独立负责一个单一的任务。Windows 则是这一原则的反面例子，几乎所有的程序都相互交织，耦合度很高。

2. 开闭原则

开闭原则（Open Close Principle，OCP）也即开放封闭原则，其核心思想为：模块应该可扩展但不可修改，也就是说，模块对扩展开放，而对修改封闭。对扩展开放意味着当新的需求或变化出现时，可以对现有代码进行扩展以适应新的情况。对修改封闭意味着一旦类的设计完成，就应该让类独立完成自己的工作，而不需要对类做任何修改。

面向对象编程需要依赖抽象而不是实现，经典设计模式中的策略模式就是一种体现。对于非面向对象编程而言，需要给 API 传入可以扩展的函数参数，例如 C 语言中 qsort()允许开发者提供的“比较器”、STL 中容器类的内存分配，以及 ACE 中多线程编程的各种锁。在应用软件方面，浏览器的各种插件也是开闭原则的具体实践。

3. 里氏代换原则

软件工程大师 Robert C. Martin 将里氏代换原则简化为一句话：子类型必须能够替换其父类型。也就是说，子类型可以在任何基类能够出现的地方完成替换，并且经过替换的代码还能正常工作。此外，在代码中不应该出现对子类型进行判断的 if/else 条件。里氏替换原则是使代码符合开闭原则的一个重要保证，正是子类型的可替换性使得父类型的模块无须修改就可以扩展。

有两个谬论有助于理解里氏代换原则——“正方形不是长方形”和“鸵鸟不是鸟”。可见，这个原则让我们考虑的不是语义上对象之间的关系，而是实际的需求环境。在设计初期，类之间的关系可能还不明确，里氏代换原则提供了一个判断和设计类之间关系的基准：需不需要继承，以及怎样设计继承关系。

4. 接口隔离原则

接口隔离原则是指在接口中而不是在类中实现功能，而且使用多个专用的接口比使用单一的总接口更好。

例如，电脑有办公、看电影、打游戏、上网、编程、计算、处理数据等功能。如果把这些功能都声明在电脑的抽象类里，上网本、台式机、服务器、笔记本的实现类就都要实现所有接口。因此，可以把这些功能接口隔离开来，分为工作学习接口、编程开发接口、上网娱乐接口、计算和数据服务接口等。这样，不同功能的电脑就可以有所选择地继承接口。

这个原则可以提升“搭积木”式软件开发的水平。对于软件设计来说，Java 中的各种事件监听器和适配器都是该原则的应用。对于软件开发来说，该原则的应用涉及不同的用户权限和版本的不同功能等。

5. 依赖倒置原则

高层模块不应该依赖于低层模块的实现，而应该依赖于高层抽象。举一个形象的例子，墙面的开关不应该依赖于某个具体的电灯的开关实现，而应该依赖于一个抽象开关的标准接口。这样，当扩展程序时，开关就可以控制其他不同的灯，甚至不同的电器。也就是说，电灯和电器继承并实现了标准开关接口，而开关厂商无须关心开关要控制什么样的设备，只需关心这个标准的开关接口。这就是依赖倒置原则。

同样地，浏览器并不依赖于后端的 Web 服务器，只依赖于 HTTP。这个原则非常重要，社会的分工化和标准化都是这个原则的体现。

软件开发的共同封闭原则

一个包中所有的类应该对同一种类型的变化关闭。因为一旦一个类的变化影响了一个包，那么就会影响该包中所有的类。简单而言，一起修改的类应该组合在同一个包中。如果必须修改应用程序的代码，则最好所有的修改都发生在一个包中（修改关闭），而不是分散在很多包中。共同封闭原则就是把因为同样的原因而需要修改的所有类组合在一个包中。如果两个类在物理或概念上联系非常紧密，而且通常一起发生改变，那么它们应该属于同一个包。

该原则延伸了开闭原则中的“关闭”概念，并把需要修改的范围限制在一个最小的包中。

软件开发的共同重用原则

包中所有类应一起被重用。如果复用其中一个类，则复用全部类。换句话说，不应该将未被重用的类和重用的类组合在一起。共同重用原则帮助我们决定哪些类应该被放在同一个包中。因此，依赖一个包就是依赖这个包所包含的一切。当包发生更改并有新版本发布时，使用该包的所有用户都必须在新的包环境中进行验证，即使自己使用的那一部分没有发生任何更改。如果包中包含未使用的类，即使用户不关心该类是否有更改，仍要升级该包并重新测试原来的功能。

共同重用原则使系统维护者受益，使包尽可能地大（将与功能相关的类加入包中），而共同封闭原则使包尽可能地小（删除未使用的类）。它们的出发点不同，但相互不冲突。

软件开发的“好莱坞”原则

“好莱坞”原则的意思是，好莱坞的经纪人不希望你去联系他们，他们会在需要的时候来联系你。在软件开发中是说，所有的组件都是被动的，所有组件的初始化和调用都由容器负责。组件处在一个容器当中，由容器负责管理。所谓控制反转（Inversion of Control，IoC），就是由容器控制程序之间的关系，而不是像传统实现那样由程序代码直接控制程序之间的关系，它具体包括：

- 不创建对象，而是描述创建对象的方式。
- 对象与服务在代码中没有直接联系，而是通过容器联系在一起。
- 控制权体现为从应用代码控制转变为外部容器控制。

“好莱坞”原则是控制反转或依赖注入（Dependency Injection，DI）的基础原则。这个原则与依赖倒置原则类似，都强调要依赖接口而不是实例，但是它要解决的问题是如何将实例传递到调用类中：一般会通过构造函数或函数参数等方式把实例声明为成员变量。然而，控制反转允许通过配置文件来生成实际的配置类，该配置文件由服务容器读取，但程序的可读性和性能可能会受到影响。

软件开发的高内聚低耦合原则

作为 UNIX 操作系统设计的经典原则，它将模块间的耦合降到最低，同时努力让每个模块做到精益求精。内聚指模块内各元素之间的紧密程度；耦合指软件结构内不同模块之间的互联程度。内聚意味着重用和独立，耦合则会导致多米诺骨牌效应。对于耦合度较高的系统而言，一个模块出现问题可能会引发整个系统的故障。

软件开发的约定优于配置原则

约定优于配置原则倡导将一些公认的配置方式和信息作为内部的默认规则来使用。例如，只要约定的字段名和类属性一致，基本上就不需要与 Hibernate 的映射文件相关的配置文件。配置文件很多时候会明显影响开发效率。由于只需要为应用程序指定不遵循约定的信息，因此大量约定而又不得不做的事情得以减免。

Rails 很少有配置文件（但不是没有，数据库连接就是一个配置文件），因而它的开发效率号称是 Java 的 10 倍。Maven 也使用了这一原则，当执行 mvn -compile 命令的时候，不需要指定源文件的存放地点，而且也没有指定编译以后的 class 文件的存放地点。

软件开发的关注点分离原则

关注点分离（Separation of Concerns，SoC）是计算机科学中最重要的目标之一。这个原则倡导在软件开发中通过各种手段将问题的各个关注点分开。一个问题被分解为独立且较小的问题时往往更容易得到解决。原因在于，如果问题过于复杂，程序员不可能照顾到所有需要关注的点，在分析问题时也容易陷入混乱。实际上，程序员的记忆力相对于计算机知识非常有限，其解决问题的能力相对于问题复杂性也是非常有限的。

在我参与过的一个项目中，由于没有使用 SoC，程序员把所有问题都混在一起讨论，再加上不断引入的新观点和新想法，最终进度失控，交付周期从预期的一年延长为三年。

标准化可以实现关注点分离：制定一套共同遵守的标准，将使用者的行为统一起来，使其不再担心出现很多种不同的实现。Java EE 就是一个标准的大集合，其开发者只需关注标准本身和自己在做的事情。譬如螺丝钉生产的标准化，生产螺丝钉的人不用关注螺丝帽是怎么生产的，反正按标准装配一定不会有问题。

不断地把程序的某些部分抽象化并包装起来，也是实现关注点分离的好方法。一旦一个函数被抽象并被实现，那么使用该函数的人就不用再关注内部实现。同样地，一旦一个类被抽象并被实现，类的使用者也不用再关注其内部实现。组件、分层、面向服务等概念都是不同层面上的抽象和包装。

软件开发的契约式设计原则

契约是对软件系统各元素相互合作的权利与责任的比喻，源自商业活动中客户与供应商的关系。

- 供应商必须提供某种产品（责任），并且有权期望客户付款（权利）。
- 客户必须付款（责任），并且有权得到产品（权利）。
- 双方必须履行对所有责任都有效的契约，如法律和规定等。

在程序设计中，一个提供某种功能的模块有如下权利和责任。

- 它有权期望所有调用它的客户端模块都满足先验条件，这样就不用去处理不满足先验条件的情况。
- 它要保证退出时具备特定的属性，即满足模块的后验条件。
- 进入时满足假定条件，退出时具备特定属性，即保持不变式。

契约就是这些权利和责任的正式形式。可以用三个问题来总结契约式设计：期望的是什么，要保证的是什么，要保持的是什么。设计者要经常问自己这些问题。

在 Bertrand Meyer 描述的契约式设计概念中，对于类的一个方法，其契约中都存在一个前提条件及一个后续条件：前提条件用于说明方法接受什么样的参数数据等，只有前提条件得到满足，这个方法才能被调用；后续条件用于说明这个方法完成时的状态，如果一个方法的执行会导致其后续条件不成立，那么这个方法也不应该正常返回。

将前提条件和后续条件应用到子类的继承中，则子类方法应满足前提条件不强于基类且后续条件不弱于基类。也就是说，在通过基类的接口调用一个对象时，用户只知道基类的前提条件及后续条件。因此，继承类不得要求用户提供的前提条件比基类方法要求的更强，即继承类方法必须接受基类方法能接受的任何条件（参数）。同样，继承类必须接受基类的所有后续条件，即继承类方法的行为和输出不得违反由基类建立起来的任何约束，不能让用户对继承类方法的输出感到困惑。这样就形成了基于契约的里氏代换原则，里氏代换原则得到强化。

软件开发的无环依赖原则

无环依赖原则（Acyclic Dependencies Principle，ADP）解决了包之间的关系耦合问题。包之间的依赖结构必须是一个无环图，也就是说，在依赖结构中不允许出现环（循环依赖），在设计模块时不能有循环依赖。如果包的依赖形成环状结构，有两种方法可以打破：第一种是创建新的包。如果包 A、B、C 形成循环依赖，就把这些共同的类抽出来放在一个新的包 D 中。这样就可以把 C 依赖 A 变成 C 依赖 D 及 A 依赖 D，从而打破循环依赖关系。第二种是使用依赖倒置原则和接口隔离原则。

以上 15 条原则看上去不难，但要不教条地用好它们却并不容易，使用这些原则需要经历一个从理论到实践的过程：先了解这些原则的表面意思，但不要急着使用；观察和总结工作和学习中的设计方法后再回顾这些原则；等有了一些心得，就可以适度地去实践。

除了代码，很多公司的系统架构也存在问题。在讨论架构问题及其解决方案时，我们需要谨慎地做出各种比较和妥协。以下 11 条原则都是针对目前众多不合理的方案而制定的，可用来指导如何制定更好的架构。需要注意的是，这些原则适用于相对较为复杂的业务，如果用在简单且访问量不大的应用上，可能会得出不一样的效果。

系统架构原则 1：关注收益而不是技术

对于软件架构来说，最重要的是收益。以下几种收益非常重要。

- 降低技术门槛，加快整个团队的开发流程。加快进度、尽早发布，一直是软件工程在解决的难题。因此，系统架构要力求在开发、上线和运维上实现并行，以免某个环节成为瓶颈。
- 让整个系统运行得更加稳定。为了提升整个系统的服务等级协议（Service Level Agreement，SLA），需要对有计划和无计划的宕机提出相应的解决方案。
- 通过简化和自动化来降低成本。软件工程中最大的成本是人力成本及人为错误带来的成本，需要更多人力的架构设计一定是失败的。此外，还要考量时间成本和资金成本。

如果系统架构不能在上述三方面发挥作用，就没有意义了。

系统架构原则 2：以服务和 API 为视角

很多公司有运维和开发的分工。运维又会分成基础运维和应用运维，开发则会分成基础核心开发和业务开发。不同的分工会产生完全不同的团队视角和出发点。例如，基础运维和基础核心开发团队更关注性能和资源利用率，而应用运维和业务开发团队则更关注应用和服务本身。随着分布式架构的演进，有些系统已经无法区分基础层和应用层。例如，服务治理既需要底层基础技术，也需要业务上的配合；K8s 里既有网络等底层技术，也有需要业务配合的健康检查、读写就绪状态的配置等。也正因为很多技术和组件已经难以区分 Dev 和 Ops，合并后的 DevOps 应运而生。

而且，整个组织架构和系统架构已不能再通过对单一分工或单一组件调优来实现大幅优化，必须依靠自顶向下的整体规划和统一设计。例如，当城市规模达到一定程度时，相关部门无法再通过优化局部道路改善整体交通状况，而需要对整个城市做完整的功能规划。为了实现整体效率的提升，所有人需要有统一的视角和目标。这个目标就是从服务和 API 的视角看问题，而不是从技术和底层的角度看问题。

系统架构原则 3：选择主流和成熟的技术

技术选型非常重要。一旦选错技术，整个架构都需要调整，而架构调整往往不易。在过去的几年中，很多用户因为系统越来越复杂而不得已将 PHP、Python、.NET 或 Node.js 架构迁移到 Java 和 Go 的架构上。迁移的过程让人非常痛苦，但是当系统过于复杂或庞大时，就必须考虑以下对技术选型的建议。

- 尽可能使用成熟和工业化的技术栈，而不是自己熟悉的技术栈。所谓工业化的技术栈，就是大公司（如大型互联网公司、金融公司、电信公司）使用的技术栈。这些公司有更多的技术投入和更大的生产规模，使用的技术通常都比较成熟并已实现工业化。
- 选择全球流行的技术。技术是全球性的，不受区域的限制，只有具备普适性才有更强的生命力。
- 尽可能不要自己造轮子，更不要“魔改”。否则，独创的成果会被主流开源软件所取代。原因不在于技术实力，而是在这个时代只有融入整个产业和技术社区才会有最大的收益。基于某个特例自成一套的做法，只在短期内有效，迟早会出问题。
- 如果没有特殊要求，选择 Java 基本不会出错。一方面，Java 的业务开发能力非常强，而且有 Spring 框架保障，其代码质量不会太差。另一方面，Java 的社区非常成熟，需要的技术很容易获取，而且运行在 JVM 上的语言优势明显。从长远来看，使用 Java 技术栈的系统架构，风险最小，成本最低。

许多公司的架构被技术负责人的喜好、专长和经验所左右。事实上，在公司起步阶段任何技术都是可以使用的。如果只是开发一个简单的应用（如论坛或社交应用），不需要处理复杂的事务或交易流程，用任何语言都可以。但随着业务量的上升，开发团队的规模越来越大，系统也越来越复杂，这时 Java 可能会成为唯一的选择。京东从.NET 转向 Java、淘宝从 PHP 转向 Java 人尽皆知。其实，全国数百家银行、三大电信运营商，以及所有电商平台、保险公司、券商、医院、政府的系统，基本上都是用 Java 开发的；AWS 的主流语言也是 Java；阿里云最初使用 C++/Python 编写控制系统，后来也转向了 Java；虽然 B 站使用的是 Go 语言，但其电商业务和大数据系统是使用 Java 开发的。在各大招聘网站上，Java 相关岗位的数量也是最多的。

系统架构原则 4：完备性比性能重要

许多架构师在设计时主要关注架构能支持多大的流量，很少考虑系统的完备性和可扩展性。比如，在一些项目中直接使用非关系数据库（如 MongoDB），或者直接将数据存储在 Redis 中，忽略了关系数据库的数据完备性模型。然而，在需要进行关系查询时， NoSQL 数据库在 Join 操作上的表现却不佳，而避免 Join 操作又会导致数据冗余；此时由于无法确保数据冗余后的一致性，各种数据的错误和丢失不期而至。

因此，系统架构应遵循如下的完备性原则。

- 优先使用科学、严谨的技术模型，只以不严谨的模型作为补充。比如，优先使用完备支持 ACID 的关系数据库，然后用 NoSQL 做补充，而不是一开始就完全放弃关系数据库。
- 对于性能问题，解决方案和可采取的措施有很多。因此，与系统的完备性和可扩展性相比，不必过分担心性能问题。

为了追求性能指标而丧失整个系统的完备性是得不偿失的。

系统架构原则 5：制定并遵循标准规范

只有遵循标准，系统架构才有更好的可扩展性。这就好比，一旦企业或组织没有标准和规范，就会出现混乱和各种问题。

很多公司的系统既没有遵循业界标准，也没有形成自己的标准。最典型的例子就是 HTTP 调用的状态返回码。业内标准是 200 表示成功，3xx 表示跳转，4xx 表示调用端出错，5xx 表示服务器端出错。但是，有的架构师习惯在代码正文中指出是否出错，无论成功还是失败都返回 200。这样做最大的问题是，监控系统需要解析所有的网络请求包后才知道是否出错，而且完全不知道是调用端出错还是服务器端出错，这让系统只能处在一种低效的工作状态下。重试或熔断这样的控制机制也无法实现，因为 4xx 对重试或熔断是没有意义的，只有 5xx 才有意义。通常情况下，一家公司只有基础技能和架构评审同时缺失，才会造成如此极端的后果。还有一些公司没有统一的用户 ID 设计，各系统之间同步用户数据是通过用户的身份证号实现的，甚至在网关上设置用户白名单也使用身份证号，这将给用户隐私管理带来很大的隐患。

以下是一些需要注意的标准和规范。

- 服务间调用的协议标准和规范，包括 Restful API 路径、HTTP 方法、状态码、标准头、自定义头，返回数据要符合 JSON Scheme。
- 一些命名的标准和规范，包括用户 ID、服务名、标签名、状态名、错误码、消息、数据库等。
- 日志和监控的规范，包括日志格式、监控数据、采样要求、日志报警等。
- 配置的规范，包括操作系统配置、中间件配置、软件包配置等。
- 中间件使用的规范，包括数据库、缓存、消息队列等。
- 软件和开发库版本最好在整个组织架构内每年升级，然后在各团队内保持统一。

这里重点强调三件事。

- Restful API 的规范非常重要，可参考 Paypal 的 API 风格指南和微软的 API 指南。使用 Restful API 规范的最大好处是，各种统计分析和流量编排可以很容易地进行。
- 目前的服务调用链追踪实践都在参考谷歌的论文，其最严格的工程实现 Zipkin，也是 Spring Cloud Sleuth 的底层实现。Zipkin 的好处在于无状态，可快速地把 Span 发出来，不消耗应用侧的内存和 CPU。这意味着，监控系统宁可瘫痪也不干扰业务应用。

- 很多公司的软件升级全靠开发人员自发完成，而这本应是成体系的活动。公司每年至少要有一次软件版本升级的评审，确保版本的统一和一致，这样会极大地简化系统架构的复杂度。

系统架构原则 6：重视可扩展性和可维护性

在许多架构中，技术人员只关注当前业务，不考虑系统未来的可扩展性和可维护性。架构和软件不是一劳永逸的，需要技术人员不断做维护，事实上 80%的软件成本都用于维护。因此，如何使架构更易于扩展和维护是比较重要的。可扩展性意味着架构可以轻松添加更多功能或系统，而可维护性则要求架构具有可观测性和可控性。具体方法如下。

- 通过服务编排来降低服务之间的耦合。例如，专用于业务流程的服务，或 Workflow、Event Driven Architecture、Broker、Gateway 和 Service Discovery 等中间件，都可用来降低服务之间的依赖关系。
- 通过服务发现或服务网关来降低服务依赖带来的运维复杂度。服务发现可以很好地降低相关依赖服务的运维复杂度，可以轻松地上线、下线服务，或进行服务伸缩。
- 遵循软件设计原则和最佳实践，如 SOLID、SOA 或 Spring Cloud、分布式系统等架构的实践。

系统架构原则 7：对控制逻辑全面收口

所有的程序都有业务逻辑和控制逻辑。业务逻辑是完成业务的逻辑。而控制逻辑与业务逻辑没有直接关系，它被用来决定程序是使用多线程还是分布式、是使用数据库还是文件，以及如何实现配置、部署、运维、监控、事务控制、服务发现、弹性伸缩、灰度发布、高并发等。控制逻辑的技术更高深、门槛更高，因此最好由专业的程序员负责开发、统一规划和管理，并进行如下收口。

- 流量收口，包括南北向和东西向的流量调度，主要通过流量网关、开发框架或服务网格等技术实现。
- 服务治理收口，包括服务发现、健康检查、配置管理、事务、事件、重试、熔断、限流等，主要通过开发框架 SDK（如 Spring Cloud）或服务网格等技术实现。
- 监控数据收口，包括日志、指标、调用链等，主要通过主流探针，以及后台的数据清洗和数据存储来完成，最好使用无侵入式的技术。监控数据只有统一在一个地方进行关联才会产生信息。
- 资源调度与应用部署的收口，包括计算、网络和存储，主要通过容器化的方案（如 K8s）来完成。
- 中间件的收口，包括数据库、消息、缓存、服务发现、网关等。一般企业内部要建立一个共享的云化中间件资源池。

控制逻辑需要遵循如下原则。

- 选择容易将业务逻辑和控制逻辑分离的技术。采用 Java 的“JVM+字节码注入+AOP”式的 Spring 开发框架，可以带来很多好处。
- 选择可以享受技术红利的技术。比如，Java、Docker、Ansible、HTTP、Telegraf/Collectd 等技术各自拥有庞大社区且相互兼容。
- 使用支持 HA 集群和多租户的中间件技术。基本上所有主流中间件都支持 HA 集群方式。

系统架构原则 8：不要迁就技术债务

许多公司都存在大量技术债务，具体表现如下。

- 使用老旧的技术。例如，使用 Java 1.6、Websphere、ESB、基

于 Socket 的通信协议、过时的模型等。

- 不合理的设计。例如，在网关中写大量业务逻辑、单体架构、数据逻辑和业务逻辑深度耦合、错误的系统架构（把缓存当数据库、使用消息队列同步数据）等。
- 缺少配套设施。例如，缺少自动化测试、良好的软件文档，以及质量好的代码、标准和规范等。

千万不要指望能把一辆低端车改造成一辆法拉利跑车。欠下的技术债要尽早还，没打好的地基必须重新打，没建好的配套设施必须补上。如果基础设施没有按照科学的方式建立，我们是不可能拥有一个好系统的。

人们总想为"技术债"寻找历史原因和客观理由，希望不做出任何改变或付出任何代价就实现进步，甚至为了迁就技术债而乱用新技术。某家公司的系统架构和技术选型都有问题——使用错误的模型构建系统导致整个系统的性能低下。虽然它的技术债只涉及几百万条数据，但这家公司还是只关注开发并上线更多的系统，单纯地认为现有系统已经足够好，出现性能问题只是因为缺少一个大数据平台。

即使大公司也会在原有技术债上进行更多建设，直到债台高筑，无法偿还。我曾提出 WatchDog 架构模式：当系统出现问题时不要去修改这个系统，而要在旁边建立一个系统来对其进行监控。

与其花大力气迁就技术债，不如直接还清技术债，所谓"长痛不如短痛"。或者，建设一个没有技术债的"新城区"，并通过"防腐层"架构模型，防止技术债侵入"新城区"。

系统架构原则 9：不要依赖经验

对现有系统进行了解和诊断之后，才能获取一手数据，明确真正的问题并提出最好的技术解决方案。每种技术手段都有适应的场景和不同的权衡，因此必须在调查研究后做出最终决定。这与医生确诊病因须依赖诊断数据是一样的。在科学面前，所有经验都可能是有缺陷的。

重复过去不可能进步，学习才能带来成长。因此，不要依赖经验做决策。我建议的正确决策路径如下。

- 用足够的时间查找相关资料，如技术博客、文章、论文等。
- 收集、对比各家公司和开源世界的做法。
- 比较各种方案的优缺点后形成自己的决策。

系统架构原则 10：提防与应对“X–Y”问题

用户实际上遇到的是 X 问题，却误以为要解决的是 Y 问题——这种 X-Y 问题非常普遍，其核心是找出真正要解决的问题。

例如，业务人员反馈需要进行大数据流式处理，实际情况却是：一方面服务中有大量状态，另一方面需要将相同用户的数据请求放在同一个服务中处理；与此同时，系统中的一个慢函数拖慢了整个服务。最终，性能调优就可以解决问题，根本没有必要进行大数据流式处理。

追问原始需求可以帮助我们找出真正的问题。例如，我们推测一个技术架构在特定的用户目标场景下会有很好的表现。但是，我们需要追问为什么场景是这样的。通过追问我们发现这个场景是不完整和有明显缺陷的。最终，针对修改后的场景，架构也被改进、优化得更加成熟和更具普适性。

系统架构原则 11：对新技术激进胜于保守

积极拥抱那些能改变未来的新技术，例如当初的 Docker 和 Go。对技术持激进态度比持保守态度能带来更多好处。新技术通常都代表着竞争力，所以成功的公司在跟进新技术上一般都毫不保守。当然，技术上的激进并不意味着盲目跟风，我们只需密切关注具备某些爆发趋势特征的技术。

有些公司只着眼于解决当前问题，不关注新技术。这些缺乏远见的公司在架构设计之初就可能处于负债状态。解决了当前的问题，新的问题很快就会出现。最终公司疲于应对，还是只能转向新技术。

进步永远来自于探索，探索的确要付出代价，但收益也更大。原则是软件开发和架构设计探索之旅的路线图，尊重与依循原则让我们有可能在冒险中不犯大错，在抓住机会的同时不至于失去太多。

14 分布式架构

近年来，分布式架构一直在演进和发展，如高并发架构、异地多活架构、容器化架构、微服务架构、高可用架构和弹性架构等。与架构相关的管理型技术方法也不断涌现，如 DevOps、应用监控、自动化运维、SOA 服务治理和去 IOE 等。众多的技术在我们面前撑开了一张大网，对如此多的技术逐个尝试是不切实际的。其实只要找到这张分布式系统大网的“纲”，就能比较自如地打开整张网，从而更有效地做好架构设计和工程实施。

分布式系统的架构演进

分布式系统作为单体系统的颠覆者亮相，给业界带来了震撼和惊喜，却也衍生出一个由新问题及其解决方案构成的复杂技术生态。

1. 分布式系统的复杂性

使用分布式系统主要有两个原因。

- 增大系统容量。随着业务量增大，一台机器的性能已经无法满足需求，需要多台机器来应对大规模的应用场景。为此，我们需要对业务系统进行垂直拆分或水平拆分，使其变成一个分布式架构。
- 加强系统可用性。业务越来越关键，对整个系统架构的可用性提出了更高要求，比如系统架构中不能存在单点故障。分布式架构通过冗余系统来消除单点故障，从而提高了系统的可用性，可防止一台机器出故障导致整个系统不可用等情况。

分布式系统的模块化程度高，模块的可重用性更高，系统的扩展性更强。由于软件服务模块被拆分，团队协作流程也会得到改善，开发和发布可以并行操作，研发速度变得更快。

然而，不存在完美的技术方案，采用任何技术方案都要做出取舍。分布式系统也带来了一些问题。表 14-1 比较了单体式架构和分布式架构的优缺点。

表 14-1　单体式架构和分布式架构的对比

	单体式架构	分布式架构
新功能开发	需要时间	容易开发和实现
部署	不经常发布且容易部署	经常发布，部署复杂
隔离性	故障影响范围大	故障影响范围小
架构设计	难度小	难度级数增加
系统性能	响应时间快，吞吐量小	响应时间慢，吞吐量大
系统运维	运维简单	运维复杂
新人上手	学习曲线陡（应用逻辑）	学习曲线陡（架构逻辑）
技术	技术单一且封闭	技术多样且开放
测试和查错	简单	复杂
系统扩展性	扩展性很差	扩展性很好
系统管理	重点在于开发成本	重点在于服务治理和调度

由表 14-1 中可知，分布式架构存在如下不足。

- 架构设计较为复杂（尤其是分布式事务的架构设计）。
- 部署单个服务速度较快，但如果需要同时部署多个服务，则流程会变得复杂。
- 系统吞吐量增大，但响应时间会变长。
- 运维复杂度因服务数量增加而显著增加。
- 架构的复杂性加大了其学习难度。

- 测试和排错的过程变得更加复杂。
- 技术多元化导致运维的复杂度相应增加。
- 管理分布式系统中的服务和调度变得更加困难和复杂。

分布式架构解决了“单点故障”和“性能容量”的问题，同时在系统的设计、管理和运维方面制造了诸多困难和问题。总之，分布式架构使得软件世界变得越来越复杂。

2. 分布式系统的发展

从20世纪70年代的模块化编程，到80年代的面向事件设计，再到90年代的基于接口/组件设计，软件世界很自然地演化出了SOA——面向服务的架构。SOA是构造分布式计算应用程序的方法，它将应用程序的功能作为服务发送给最终用户或其他服务，采用开放标准与软件资源进行交互，并采用了标准的表示方式。

开发、维护和使用SOA应遵循以下基本原则。

- 可重用、粒度合适、模块化、可组合、构件化及有互操作性。
- 符合通用或行业标准。
- 能明确区分服务的识别和分类、提供和发布、监控和跟踪。

由于IBM开发的SOA非常沉重，业界对SOA的裁剪和优化从未停止。例如，原来使用的SOAP、WSDL和XML等技术基本被抛弃，RESTful和JSON等方式成为主流。而企业服务总线（ESB）也被简化成发布/订阅的消息服务。然而，SOA的思想一直延续至今，图14-1展示了SOA的演化过程。

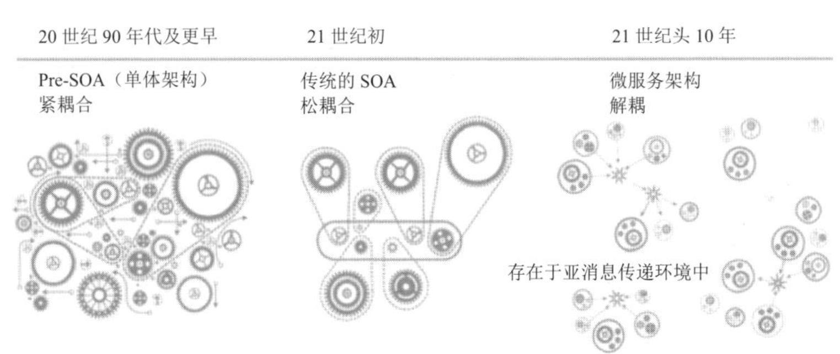

图 14-1 SOA 的演化

SOA 经历了如下三个发展阶段。

- 20 世纪 90 年代之前，单体架构是主流，软件模块之间处于高度耦合的状态。有的 SOA 其实和单体架构一样，是高度耦合在一起的。就像图 14-1 中的齿轮一样，当你调用一个服务时，这个服务会调用另一个服务，然后后者又会调用其他服务……整个系统就这样运转起来了。但这本质上是紧耦合的做法。
- 2000 年左右出现了松耦合的 SOA，它需要一个标准的协议或中间件来联系相关的服务（如 ESB）。于是，服务之间并不直接互相依赖，而是通过中间件的标准协议或者通信框架相互依赖。这其实就是控制反转原则和依赖倒置原则在系统架构中的实践。服务都依赖于一个标准的协议或者统一的交互方式，而不是被直接调用。
- 2010 年前后，耦合程度更低的微服务架构出现了。每一个微服务都能独立完整地运行（所谓“自包含”），后端的单体数据库在微服务架构中也被分散部署到不同的服务中。和传统的 SOA 不同，它需要一个用于服务编排或服务整合的引擎。这就好比演奏交响乐需要一个指挥把所有乐器编排并组织在一起。

一般编排和组织微服务的引擎可以是工作流引擎，也可以是网关。当然，还需要容器化调度这样的技术加以辅助，如 K8s。微服务的出现使得开发更快、部署更快、隔离度更高，系统的扩展性也更好，但让集成测试、运维和服务管理变得比较麻烦。因此，一个好的微服务 PaaS 平台，就像 Spring Cloud 一样，需要提供服务配置、服务发现、智能路由、控制总线等功能，以及各种部署和调度方式。没有 PaaS 层的支持，微服务也很难被管理和运维。

核心使命与关键技术

构建分布式系统旨在增加系统容量、提高系统可用性。在技术上，首先要处理大流量，通过集群技术将大规模并发请求的负载分散到不同的机器上；其次要保护关键业务，提高后台服务的可用性，通过故障隔离防止多米诺骨牌效应（雪崩效应）的发生。如果流量过大，某些业务需要降级，以保护关键业务的正常流转。简而言之，分布式系统用于提高整体架构的吞吐量，为更多的并发任务和流量提供服务，也用于提高系统的稳定性。

1. 提高系统性能

图 14-2 列出了提高系统性能的常用技术。

图 14-2　提高系统性能的常用技术

为了提升系统性能，分布式架构中需要加入缓存系统、负载均衡系统，以及异步调用、数据镜像或数据分区技术。缓存系统可以提高系统的访问能力，负载均衡系统可以提高系统水平扩展的能力；异步调用技术可以增加系统的吞吐量，不足之处是实时性差；数据分区和数据镜像可以分担流量，但会带来数据一致性的问题。

- 缓存系统：从前端的浏览器到网络，再到后端服务，如底层的数据库、文件系统、硬盘和 CPU，全都有缓存，增加缓存系统是提高快速访问能力最有效的方法。分布式系统需要一个缓存集群，还需要一个代理来实现缓存的分片和路由功能。
- 负载均衡系统：作为实现水平扩展的关键技术，它可以使用多台机器来共同分担流量请求。
- 异步调用：主要通过消息队列来对请求进行排队处理，这样可以把前端请求的峰值“削平”，让后端得以用自己的常规速度来处理请求。异步调用还会引入消息丢失的问题，所以要对消息做持久化处理。但消息持久化会造成“有状态”的节点，从而增加服务调度的难度。
- 数据镜像和数据分区：数据镜像指对一个数据库做镜像，生成多份一样的数据，这样就不需要充当数据路由的中间件了——服务可以在任意节点上进行读写，并且自行在内部同步数据。但数据镜像会给数据一致性带来重大隐患。公司在初期一般会采用读写分离的数据镜像方式，而在后期会采用分库分表的方式。数据分区指把数据按一定的方式（如地理位置）分成多个区，由不同的数据分区来分担不同的流量。这往往需要一个充当数据路由的中间件，跨库的 Join 和事务因而会变得非常复杂。

2. 提高系统稳定性

图 14-3 列出了提高系统稳定性的常用技术。

图 14-3　提高系统稳定性的常用技术

分布式架构中与稳定性相关的技术包括服务拆分、服务冗余、限流降级、高可用架构和高可用运维。服务拆分和服务冗余可以提高系统的可靠性和弹性，但也会带来依赖复杂性的问题；限流降级是保护措施，可以避免系统崩溃；高可用架构和高可用运维可以保障系统的可用性和稳定性。

- 服务拆分：用来隔离故障和重用服务模块，但会引入服务调用的依赖问题。
- 服务冗余：用来消除单点故障，且支持服务的弹性伸缩和故障迁移。对于一些有状态的服务来说，冗余会带来更高的复杂性。例如，在进行弹性伸缩时，冗余需要考虑数据的复制或重新分片，并将数据迁移到其他机器上。
- 限流降级：当系统无法承受流量带来的压力时，只能通过限流或功能降级来停止一部分服务或拒绝一部分用户，以确保整个系统不会崩溃。
- 高可用架构：通常从冗余架构的角度来保障可用性，以避免单点故障带来全局影响。例如，多租户隔离、灾备多活可以从集群中复制数据以保持一致性。
- 高可用运维：指 DevOps 中的持续集成和持续部署。良好的运维应该涵盖顺畅的软件发布流水线、充分的自动化测试、配套的灰度发布，以及对线上系统的自动化控制。高可用运维可以使“计划内”或“非计划内”宕机事件的时长缩到最短。

这些技术非常艰深，需要个人投入大量的时间和精力才能掌握。

3. 分布式系统的关键技术

现在我们已经知道，分布式系统将引入一系列技术问题。解决这些问题需要从以下五方面入手。

- 服务治理：对于服务拆分、服务调用、服务发现，以及服务依赖和服务关键程度的定义，其最大意义在于对服务之间的依赖关系、服务调用链和关键服务的梳理，还有对性能和可用性的管理。
- 软件架构管理：由于服务之间存在依赖关系和兼容性问题，由整体服务形成的架构需要具备架构版本管理、整体架构的生命周期管理功能，以及服务编排、聚合和事务处理等调度功能。
- DevOps：分布式系统可以更快速地更新服务，但测试和部署服务仍然具有挑战性。因此，需要在全流程实施 DevOps，包括环境构建、持续集成和持续部署等，并且引入服务伸缩、故障迁移、配置管理和状态管理等方面的自动化运维技术。
- 资源调度管理：应用程序层的自动化运维需要针对基础设施层的调度能力，即可以对云计算基础架构层的计算、存储、网络等资源进行调度、隔离和管理。
- 系统架构监控：缺少良好的监控系统，自动化运维和资源调度管理形同虚设。没有监控就没有数据，也就无法进行高效运维。因此，监控系统需要覆盖应用层、中间件层和基础层。
- 流量控制：包括负载均衡、服务路由、熔断、降级和限流等与流量相关的调度，以及灰度发布等功能。

由诸多技术组成的分布式系统技术栈，不仅需要大量资金、人力和时间，从配套能力角度来看，这也是一个很难跨越的技术门槛。不过，有赖于 Docker 及其衍生的 K8s 之类的软件或解决方案，分布式系统的难度已大幅降低。Docker 把软件和运行的环境打成一个包，从而使软件服务可以轻量级地启动和运行。在运行过程中，软件服务可能会改变现有的环境，但是只要重新启动一个 Docker，环境又会恢复初始状态。因此，可以利用 Docker 的这个特性，在不同的机器上部署、调度和管理软件。有了容器虚拟化技术，分布式系统的普及已不可逆转。

然而，Docker 及其周边技术并没有解决所有的技术问题，还有很多工作需要完成。要想纲举目张、一劳永逸，必须找到分布式系统的“纲”。

分布式系统的纲

分布式系统的五项关键技术分别是应用整体监控、服务/资源调度、状态/数据调度、流量调度、开发和运维的自动化。其中，开发和运维的自动化需要前四项技术才有可能实现。因此，前四项技术尤为关键，是构建分布式系统的核心组成部分，如图 14-4 所示。

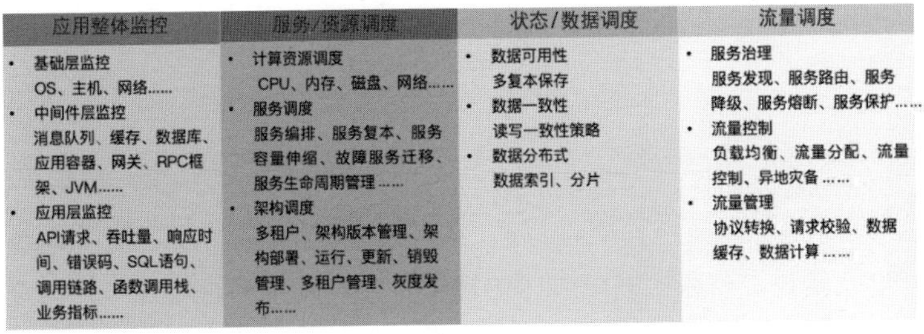

应用整体监控	服务/资源调度	状态/数据调度	流量调度
• 基础层监控 OS、主机、网络…… • 中间件层监控 消息队列、缓存、数据库、应用容器、网关、RPC框架、JVM…… • 应用层监控 API请求、吞吐量、响应时间、错误码、SQL语句、调用链路、函数调用栈、业务指标……	• 计算资源调度 CPU、内存、磁盘、网络…… • 服务调度 服务编排、服务复本、服务容量伸缩、故障服务迁移、服务生命周期管理…… • 架构调度 多租户、架构版本管理、架构部署、运行、更新、销毁管理、多租户管理、灰度发布……	• 数据可用性 多复本保存 • 数据一致性 读写一致性策略 • 数据分布式 数据索引、分片	• 服务治理 服务发现、服务路由、服务降级、服务熔断、服务保护…… • 流量控制 负载均衡、流量分配、流量控制、异地灾备…… • 流量管理 协议转换、请求校验、数据缓存、数据计算……

图 14-4　分布式系统的核心组成部分

分布式系统的技术栈离不开很多基础理论，其中 CAP 定理和分布式计算谬误尤其重要。

1. CAP 定理

CAP 定理（图 14-5）是分布式系统设计中最基础也最关键的理论。它的核心思想是，分布式数据存储不可能同时满足以下三个条件。

- 一致性（Consistency）：每个服务节点的每次读取，要么获得最新写入的数据，要么获得一个错误。
- 可用性（Availability）：每个服务节点的每次请求都能获得一个（非错误）响应，但不保证返回的是最新写入的数据。
- 分区容错性（Partition tolerance）：尽管不定量的消息在节点间的网络传输中丢失（或延迟），系统仍然可以继续运行。

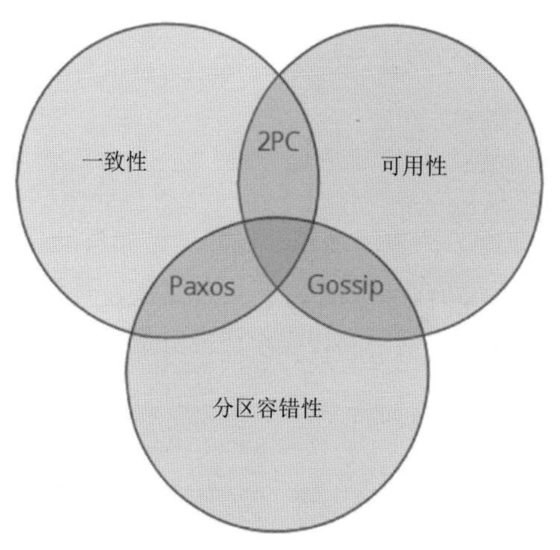

图 14-5　CAP 定理

也就是说，在存在网络分区的情况下，一致性和可用性只能二选一。而在没有发生网络故障时，即分布式系统正常运行时，一致性和可用性是可以同时被满足的。需要注意的是，CAP 定理中的一致性与 ACID 数据库事务中的一致性截然不同。

掌握 CAP 定理，尤其是正确理解 C、A、P 的含义，对分布式系统的架构设计非常重要。因为网络故障在所难免，在出现网络故障的时候，系统按照正常的行为逻辑维持运行尤为重要，这需要结合实际的业务场景和具体需求来权衡。

对于大多数互联网应用（如门户网站）来说，由于机器数量庞大、部署节点分散，网络出故障是常态，但可用性是必须要保证的，所以只有通过舍弃数据一致性来保证服务的 A 和 P。而对于银行等需要确保一致性的场景，通常会权衡 CA 和 CP 模型。当网络出现故障时，CA 模型完全不可用，CP 模型具备部分可用性。下面是对三种系统的具体分析。

- CA 系统关注一致性和可用性。它需要一个非常严格的全局一致协议，例如“两阶段提交”（2PC）。CA 系统无法容忍网络错误或节点错误。一旦出现问题，整个系统将拒绝写入请求，因为它不知道是其他节点已崩溃，还是仅仅网络出了问题。唯一安全的方法是限定只读模式。
- CP 系统关注一致性和分区容错性。它关注系统中大多数服务节点的一致性协议，例如 Paxos 算法。CP 系统只需确保大多数节点数据一致，而少数节点在数据被同步到最新版本之前可能会变为不可用状态，这时系统仅提供部分可用性。
- AP 系统关注可用性和分区容错性。它无法实现数据一致性，且需要处理数据冲突和维护数据版本，AWS 的 Dynamo 就是这样的系统。

然而，仍有一些人曲解或滥用 CAP 定理。CAP 定理在实际工程中的应用如图 14-6 所示。

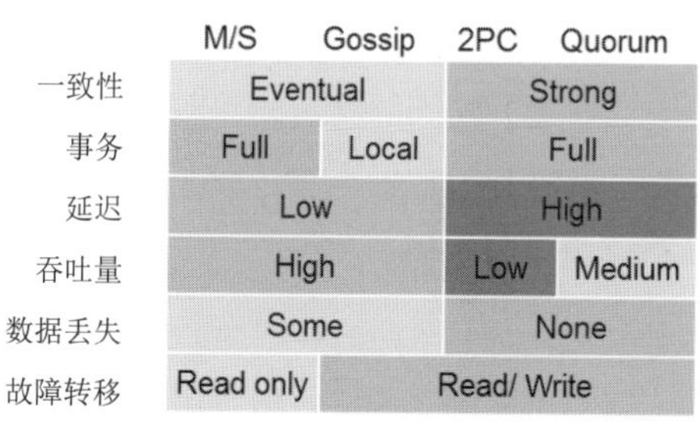

图 14-6　CAP 定理的工程应用

2. 分布式计算谬误

分布式计算谬误由 Sun 公司的多伊奇等人提出，是刚进入分布式计算领域的程序员常会提出的一系列错误假设。

多伊奇于 1946 年出生在美国波士顿，他创办了阿拉丁公司并写出了著名的开源软件 Ghostscript。他在学生时代就参与开发了 Smalltalk，开创了 JIT 编译技术的新领域。多伊奇于 1994 年成为 ACM 院士。

可以说，每个人刚开始建立分布式系统时，都会产生以下八条假设。经证明，每一条假设都是错误的，并且会导致严重的问题。

- 网络是稳定的。
- 网络传输延迟为零。
- 网络的带宽无穷大。
- 网络是安全的。
- 网络的拓扑不会改变。
- 只有一个系统管理员。
- 传输数据的成本为零。
- 整个网络是同构的。

这些错误假设至今仍然有着很大的影响。一方面，今天的架构师在设计分布式系统时需要小心规避这些错误假设；另一方面，在当今的软硬件环境中，它们又有了新的意义。分布式计算谬误不仅对于中间件、底层系统开发者及架构师很重要，对于网络应用程序的开发者也同样重要。它让我们清楚地认识到——在分布式系统中，错误是不可避免的，我们能做的不是避免错误，而是把错误处理作为功能写入代码。

分布式系统典范：PaaS 平台

分布式系统的关键技术及软件工程的本质都可以在 PaaS 平台上得到完整体现。一个好的 PaaS 平台应该具有服务化、分布式、自动化部署、高可用、敏捷及分层开放的特征，并可与 IaaS 平台实现良好的联动，如图 14-7 所示。

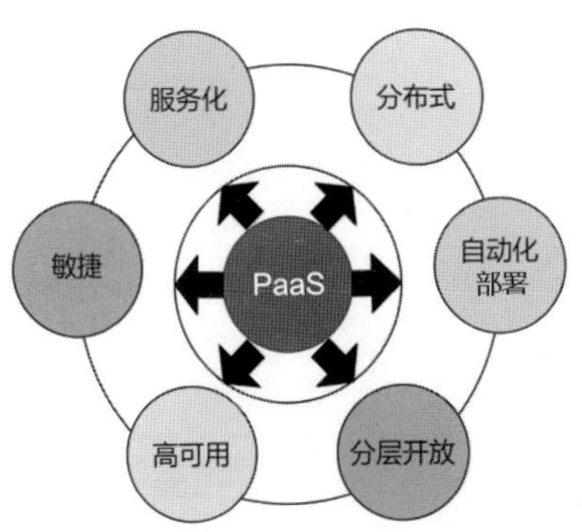

图 14-7 PaaS 平台的特征

PaaS 与传统中间件的区别体现在以下三方面。

- 服务化是 PaaS 的本质，包括重用软件模块、实施服务治理和对外提供能力。
- 分布式是 PaaS 的根本特性，包括多租户隔离、高可用性和服务编排。

- 自动化是 PaaS 的灵魂，包括自动化部署、安装、运维和自动化伸缩调度。

1. PaaS 平台的总体架构

PaaS 平台的总体架构如图 14-8 所示。不难发现，使用“Docker+K8s”可以实现一个技术缓冲层，否则构建 PaaS 将会变得非常复杂。反过来，如果自行开发一个类似 PaaS 的平台，也会发现其与 Docker 和 K8s 非常相似。

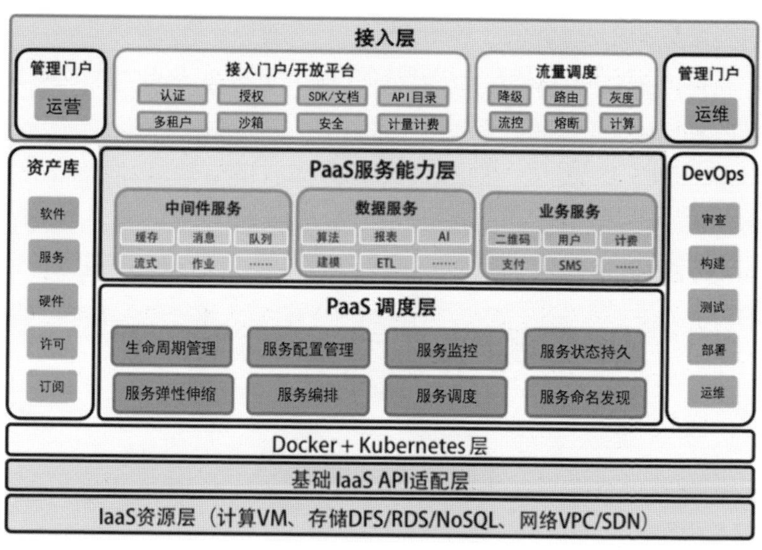

图 14-8　PaaS 平台的总体架构

在 Docker+K8s 层之上有两个相关的 PaaS 层：一个是 PaaS 调度层，很多人将其称为 iPaaS；另一个是 PaaS 服务能力层，通常被称为 aPaaS。没有 PaaS 调度层，PaaS 服务能力层很难被管理和运维，而没有 PaaS 服务能力层，PaaS 就失去了提供实际业务能力的价值。

在这两个 PaaS 层之上，有一个关键的流量调度接入层，它包括流控、路由、降级、灰度、聚合、串联等功能，最新的 AWS Lambda Service 的函数服务也在该层，其部署的方式与 CDN 类似。

图 15-8 的两侧分别与运营和运维相关。运营的管理对象有软件资源方，类似 Docker Hub 和 CMDB，以及外部接入和开放平台等，运营覆盖的主要是对外提供能力的相关组件。而运维则是对内的，主要就是指 DevOps。

总的来说，一个完整的 PaaS 平台包括以下五部分。

- PaaS 调度层：管理 PaaS 的自动化和分布式模块对于高可用、高性能实现的调度。
- PaaS 能力服务层：向用户提供 PaaS 的服务和能力。
- PaaS 流量调度：负责与流量调度相关的高并发管理。
- PaaS 运营管理：包括软件资源库、软件接入、认证和开放平台。
- PaaS 运维管理：负责与 DevOps 相关的管理。

实际上，可以根据需求简化和裁剪 PaaS 的很多组件，而且很多开源软件能够帮助我们简化工作。虽然构建 PaaS 平台看上去很烦琐，但实际上并不复杂。

2. PaaS 平台的生产和运维

软件在 PaaS 平台上生产、运维和完成服务接入的简要流程如图 14-9 所示。

软件构建从进入软件资产库（Docker Registry+软件定义）开始，然后按照 DevOps 的流程，通过整体架构控制器进入生产环境。生产环境通过控制器操作“Docker+K8s”集群，进行软件部署和生产变更。

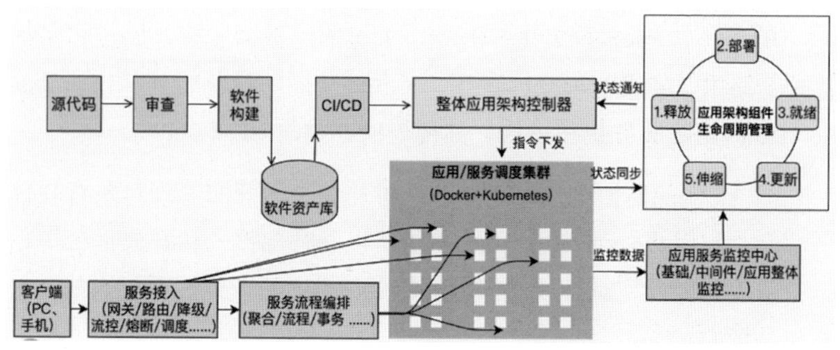

图 14-9　基于 PaaS 平台的软件生产、运维和服务接入流程

服务的运行状态可以实现同步，并能通过生命周期管理来拟合状态，如图 14-9 右侧部分所示。服务运行时的数据首先会进入相关应用监控系统，应用监控系统中的一些监控事件也会被同步到生命周期管理中。然后生命周期管理器在做出决定后通过控制器来调度服务运行。当应用监控中心发现流量变化时，它会通过生命周期管理来通知控制系统进行强制性伸缩。图 14-9 的左下方是服务接入的相关组件，主要负责网关服务及 API 编排和流程处理，对应于之前提到的流量调度和 API 网关的相关功能。

回顾分布式架构

显然，传统单体架构的系统容量是有上限的，而且由于存在计划内和计划外的服务下线，系统的可用性也是有限的。分布式系统为解决以上两个问题提供了思路，同时带来其他优势。但要彻底解决这两个问题绝非易事，所以构建分布式系统尚面临以下困难。

- 分布式系统的硬件故障发生率高，对运维自动化有刚性需求。
- 服务需要得到良好的设计，以免单点故障对有依赖关系的服务造成大面积影响。

- 为了实现容量的可伸缩，服务的拆分、自治和无状态变得更加重要，可能需要对原有的软件逻辑做大幅修改。
- 原有服务可能是异构的，在分布式系统中需要让所有服务使用标准的协议，以便实现调度、编排且互相通信。
- 服务软件故障处理也变得复杂，需要优化流程以加快故障恢复。
- 为了管理各个服务的容量，让分布式系统发挥出最佳性能，需要有流量调度技术。
- 分布式存储会让事务处理变得复杂，在事务遇到故障而无法自动恢复的情况下，手动恢复流程也会变得复杂。
- 测试和查错的复杂度增加。
- 系统吞吐量会增大，但响应时间会变长。

对此，可以从以下方面寻求突破。

- 确保有完善的监控系统，以全面了解服务的运行状态。
- 在设计服务时，要分析其依赖关系。当非关键服务出现故障时，其他服务应具备自动降级的能力，以避免继续调用该服务。
- 重构原有软件，使其能够实现服务化。可以参考 SOA 和微服务的设计，并以微服务化为目标，使用 Docker 和 K8s 来调度服务。
- 为原有服务编写接口逻辑，以使用标准协议，或在必要时对服务进行重构，使其具备特定功能。
- 自动构建服务的依赖地图，并引入良好的处理流程，以便团队以最快的速度定位和恢复故障。
- 使用 API 网关，要求具备服务流向控制及流量控制、管理的功能。
- 在存储层实现事务处理，根据业务需求降级使用更简单、吞吐量更大的最终一致性方案，或者从二阶段提交、Paxos、Raft、NWR 等吞吐量小的强一致性方案中任选一个。

- 通过模拟真实生产环境，甚至在生产环境中进行灰度发布来增加测试的强度。同时，充分进行单元测试和集成测试，以发现和消除缺陷。最后，在服务故障发生时，相关团队应同时上线检查服务的状态，以最快地定位故障原因。
- 通过异步调用来减少对短响应时间的依赖。为关键服务提供专属的硬件资源，并优化软件逻辑，以缩短响应时间。

完美解决分布式服务的吞吐量和可用性问题是架构师的长期目标，分布式系统也是值得技术人员深入学习、思考和实践的高价值领域。

15 时间管理

老天很公平，给每个人同样多的时间。有些人善用时间，有些人则不能。久而久之，人与人之间的差距就拉开了。时间管理非常重要，不仅因为时间流逝得太快，也因为很多人在工作中看似忙碌，实则没有做太多能让自己成长的事情。当然，成长需要动力，就如学习的动力是对知识的渴望。那么，在热情之余，我们该如何管理自己的时间呢？

我的时间管理启蒙

相对于今天，我成长于一个比较利于时间管理的环境，而且之前在外企工作时，我也接受过专门的时间管理培训。

我成长的年代没有智能手机，工作中也不需要实时聊天工具。而现在，很多公司都会有若干聊天群，所有人都可以群发信息，而不用管信息是否与对方相关。而且，这些信息无法像邮件那样根据标题聚合，或是通过设置规则来自动分类。于是我们身处一个信息杂乱无章的环境中，不断地被人打扰。

我刚工作的年代，开会前需要先发会议邀请，而且组织者会根据参会人日历上的空闲时间段来预定时间。我可以把工作排布在自己的日历上，通过邮箱（Outlook 和 Gmail 都有这样的功能）共享出去。这样，别人都会自觉地在我没有工作安排的时间段来找我。而今天，人们直接在微信上联系。你要是回复慢了，立即会有电话打过来，直接叫你去开会。在那个年代，老板临时给员工开会，也要问一下员工有没有时间，现在问都不问就直接交代“你来一下”。

在那个年代，工作安排非常有计划性。还记得在汤森路透工作的时候，管理者们承认员工如果能将 70%的时间花在项目开发上就已经很高效了，一般来说，正常值也就是 50%左右。在亚马逊的时候，每次开会前大家都会把要讨论的事打印出来，会议的前 10 分钟大家都在读文档，读完直接讨论，基本上会议时长保持在半小时左右。

这可能是外企的特点，从上到下都很重视时间管理。因此，从管理层到执行层都会想方设法帮助程序员专注地做好开发工作，尽可能不开会，不开长会，每一个需求和设计都要经历漫长的论证过程。项目管理者不但把你处理额外工作的时间计算进去，还会把你在学习上花的时间也计算进去。因此，时间在整个组织范围内能够实现有效地管理和安排。

总之，以前我们管理自己的时间还是比较容易的，现在我们的工作环境却非常不利于时间管理。但我仍然想谈一下如何管理自己的时间，希望对大家有所帮助。

主动管理

无论做什么事情，如果发现自己持续处于被动状态，一定要停下来，想一想如何把被动转变为主动。因为在被动的状态下工作，工作效率和效果不可能理想。作为一个非常不喜欢被动工作的人，我总是会“反转控制”，想尽一切方法变成管理时间的主动方。

如果发现自己的工作、学习或思考总是被打断，就要主动告诉大家，自己在什么时间段会做什么事，并且不希望被打扰。我在国外工作时，看到一个外国同事在自己的工位上挂了一张条幅，上面写着“正在努力写代码中，请勿打断”。在亚马逊工作期间，公司也允许员工在家办公。在阿里的时候，我有时也会跑到别的楼里找个空的工位工作，以免被打扰。

你也可以这样做：在群里提前告诉同事自己要在某个时间段不间断地做某事，不会查看微信或钉钉，也不会接电话；也可以学习那个外国工程师的“人肉静音法”，在自己的工位上挂一张“请勿打扰”的条幅；还可以将自己的工作安排预先设置到可以共享的日历上，然后对外分享。这样一来，同事和老板事先知道你的安排，就不会在不经意间打断你的事情。

你甚至可以要求同事在处理重要事务时不要使用微信，而是使用电子邮件，因为微信消息很可能会被忽略。这样一来，你就不用在一大堆聊天信息中寻找与自己有关的信息。

信息管理非常重要，信息只有被合理分类，才方便检索和设置处理优先级。目前看来，电子邮件更适合完成这些工作——通过邮件标题聚合信息，允许设置规则来自动分类，还可以设置自动回复。

事实上，主动管理的对象不是时间，而是同事和信息。

学会说“不”

主动管理时间并不能彻底解决可自由支配时间不足的问题。例如，很多公司把项目计划安排得非常紧张，从提出需求到功能上线，留出的时间很短。在遇到这种完全脱离客观实际和合理周期的情况时，我们需要学会说“不”，甚至需要对老板说“不”。对老板说“不”，实际上是一种“向上管理”的能力。

说“不”并不意味着不应该做好分内的工作，说“不”也不代表你不是一个好员工。只是在某些情况下，说“不”可能是更好的选择，可以让你有更多的时间专注于重要的任务，或者避免承担过量的工作和过度的压力。学会说“不”也可以让你更自信、自主地管好自己的时间和工作负载，从而提高工作效率和生产力。

管理培训中通常有一条“永远不要说不”的规则。说“不”确实会让对方产生距离感和不信任，但是，如果你明明做不到却不能说“不”，该怎么办呢？其中的关键在于：

- 当你面对无法实现的需求时，不要立刻拒绝。你应该先告诉对方自己需要考虑一下，这样做是为了让对方切实感觉到你的本意是想配合，只是在认真思考后得出目前无法实现需求的结论。最关键的是，在拒绝对方的方案之余，最好能提供一个自己可以做到的可行方案。例如，通过增加参与人手来分担工作量，或者先实现部分需求再进行下一步工作。
- 当面对过于复杂的需求时，不要直接说“不”，在决定之前，你应该追问对方“为什么需要这样做”。了解目的后，你可以提供自己的方案，或在与对方讨论后共同提出更具性价比的方案。在具体沟通中，可以调整原方案中各部分的优先完成顺序，以节省人力和时间；锁定需求中可以提前满足的部分；向相关团队成员咨询，以便多收集可行方案来做进一步的综合考量。
- 当面对时间严重不足的需求时，不要简单地说“不”。既然对方将压力传递过来，你就要想办法分解压力，或让对方共同承受压力。你需要及时反馈时间不够的事实，并基于此与对方商量是否可以延长时间或让更多人承接任务。

对于完成起来有困难的任务，有三种有条件的承诺，能变相起到说“不”的效果。

- “可以加班加点完成，但不能保证质量。”如果程序有 Bug，对方需要理解和包容。代码交付后还需要多给一个月的时间来修补。有时可能还需要对方提供一些额外的帮助，比如协调其他部门的同事支持，以及采购或提供更具生产力的工具。

- “可以加班加点并保证质量，但无法实现这么多需求。”如果对方不同意减少需求，则要在延长时间或增加人手方面有所妥协。
- “可以保质保量地实现所有需求，但需要多给两周时间。”如果对方不同意宽限时间，则需要指出优先级较低的非必要功能的最终完成度可能较差，并确定是否要以交付质量为重。

对不合理的任务和安排说“不”，首先要有积极主动的态度，敢于据理力争。在沟通技巧上，可以用有条件地说“是”来代替直接的拒绝，并善于向对方转移压力——看似让对方选择，实际上主动权在自己手中。学会说“不”，才能对时间拥有完全的自主权。

加班和开会

频繁的加班和冗长的会议在很多公司都是常态，这说明我们的工作的确存在劳动密集型的一面。但管理者在看到团队拼命加班时不能只是单纯地倍感欣慰，更要想想公司的管理、流程和效率是不是出了什么问题。

那么，身处有重度加班文化或热衷于开会的环境中，我们该如何管理好自己的时间，或多给自己争取一些时间呢？独善其身几乎是不可能的，但还是有一些时间管理的实践经验可供参考。

对于加班，除了力所能及地拒绝，还需要找到根源。很多时候，加班其实是员工的工作陷入恶性循环的表现。也就是说，加班期间编写出来的代码质量不佳，导致线上故障频发，于是我们需要花费更多的时间去处理。而新的需求接踵而至，导致代码复杂度不断攀升，可扩展性日益降低，最终工作效率越来越低，交付代码越来越差，线上故障越来越多，员工抱怨也越来越多。

项目延期与故障频发的后果都很严重，只能两害相权取其轻。是为了按时上线而暂时积压问题，还是重视稳定运行而力保交付质量？对于这两个问题，团队和个人都应该做出合理的选择。为此，负责人需要将公司取舍和业务背景的相关信息及时传递给团队成员，而团队成员也要将自己的困惑、质疑和担忧充分反馈给负责人。信息对称和价值观契合可以为你节省大量用于纠结和发牢骚的时间。

会议时间之所以不可控，是因为议题、议程或开会的时机不合理。比如，有的会议只抛出话题，没考虑是否可以当场形成结论；或者会议主持人提出过于开放的问题，每个人都有自己的观点，导致现场众口不一，大家的讨论频繁地发散或跑题。我想向会议组织者强调以下两点。

- 开会不是为了讨论问题，而是为了讨论解决方案。
- 会议不是要有议题，而是要有提案。

作为与会者，如果你发现会议迟迟没有提案，再讨论下去只能是浪费时间，那么有两种选择。

- 自己站出来帮大家总结提案、理一理头绪、集中一下思路，也可以提出结束会议并提出会议建议。
- 如果会上讨论不清楚方案，不妨建议大家先线下讨论，有了具体方案再来评审。

当然，在有些正式会议上，这样做需要足够的勇气，但如果所在公司的会议又多又长，以上建议也值得一试。

时间的价值投资

人们常说“时间就是金钱”，而金钱是可以用来投资的。由此可得到两个结论：一是时间可以用来投资，二是投资时间有赚有赔。如果想赢得正向收益，就必须把时间投资在有价值的地方。

花时间学习基础知识、阅读技术文档是有价值的，而实际上很多程序员把时间浪费在查错上。正因为他们掌握的基础知识不完整，或不熟悉相关技术文档就仓促上手，代码才会产生Bug，从而把大部分时间用来查错，形成恶性循环。其实在上手前系统地学习技术可以省出很多时间，所以，把时间投资在打牢基础、熟读文档上是值得的。

把时间花在解放生产力的事情上。我们需要在实现自动化、可配置、可重用、可扩展上多花一些时间。对于软件开发来说，能自动化的事，就算多花点时间也要一次性实现自动化，因为可以节省无数次手动实现的时间。此处尽量让配置和扩展软件模块更灵活，这样当新需求出现或需求发生变更时，程序员就不用再改代码，或者改起来也很轻松。有人可能会说这种做法是过度设计。过度设计的确不值得提倡，但是只要是能让项目在未来持续节省时间，这种做法就是值得的。因为解放生产力的时间投资是有复利和长期收益的。

把时间花在让自己成长的事上。很多人把成长理解为晋升，事实上，判断一个人是否成长，不应该只看他在一家公司的表现，而是要看他在整个行业内的影响力是否有所提升，这才是真正的成长。所以，要让自己有更强的行业竞争力，让自己有更广阔的视野，让自己有更多的可能性，这样的时间投资才是有价值的。

把时间花在建立高效的环境上。“工欲善其事，必先利其器”，程序员在做事之前应该把自己的工作环境配置到最高效的状态。例如，使用称手的开发工具和硬件设备。为此，我们需要花时间去影响身边的人，比如同事、产品经理、老板，让他们理解这样做的原因，从而让他们配合我们去建立更好的流程和管理方法。

规划自己的时间

规划时间，首先要设定优先级。即使不写下来，每个人也都应该有自己的待办清单。写待办清单不需要高深的技巧，只要明确哪些事情既重要又紧急，哪些事情紧急但不重要，哪些事情重要但不紧急，哪些事情既不重要也不紧急，然后按照这个顺序来依次处理事项即可。

对于优先级相同的事情，建议采用“最短作业优先”的调度算法——先做可以快速完成的事情。这不仅是为了尽快在待办清单上画掉一项，让老板尽早看到自己的工作进度，还是为了给复杂工作争取更多时间，因为老板只有在看到产出的时候才愿意给你更多时间。而且，待办清单中的任务不断减少会给人以正向反馈。

如果你一心扑在需要长时间才能完成的任务上，你会因为待办清单中大量没有进展的任务而感到焦虑，如果发生意外情况拖慢了进度，则更会让你压力倍增，从而使生产效率进一步下降。

很多时候，边做边想是一种糟糕的工作方式。没有思考清楚，有可能导致返工，而返工会浪费大量时间。因此，对于没有想清楚或没有把握的事情，最好先找找是否有成熟的解决方案或简单易行的实现方式，或者向有经验的人请教。

规划时间要注重长期利益。总体而言，多关注长远目标是可以节省时间的，因为长期成本远高于短期成本。因此，宁可暂时延期也不要透支未来，长痛不如短痛。比如，一年要做十个项目，即使在前两个项目上挨骂，只要圆满完成后面八个项目，延期也是很划算的。而反过来，如果你一开始得到老板的信任，后面的表现却越来越糟糕，最终只会得不偿失。而且，最大的长期利益其实是自己的成长。

合理的行动计划不应该是短期的，而应该是一个中长期的行动集合。建议按季度来规划行动计划的内容和要达到的目标，一年做四次持续迭代的规划，而不是只考虑眼前。

排除干扰项

有太多的事情会让我们分心或偏离轨道，始终专注于有价值的事情并不容易。“将军赶路不追小兔”，将军的目标当然应该是攻城。因此，要过滤掉与目标无关的事情，不要受控于无关的事情。

做自己情绪的主人，不要让别人影响你的情绪，否则你可能会什么都不想做。要知道哪些事情是自己控制不了的，在自己能控制的事情上多花时间。

要知道更有效的路径是什么，把时间花在有产出的事情上。比如，与其花时间改变别人，不如花时间寻找志同道合的人。不要和三观不一致或不如自己的人争论，也不要试图叫醒装睡的人，这都是徒劳无功的事情。

养成好习惯

让优秀成为一种习惯。再好的方法如果不能形成习惯，那就只是纸上谈兵。关于时间管理的文章和图书很多，很多人看的时候大受触动，实践中却往往不了了之。因此，要坚信“做”比“做好”更重要。养成一个好习惯通常需要 30 天的时间，最初几天的坚持尤为关键。我们不妨将需要实践的方法写在随时能看到的某本书或笔记本的扉页上，既方便查看，又能起到提醒的作用。

下面是我根据自己的情况总结的两个培养好习惯的原则，读者可以基于此发掘更适合自己的方法。

- 形成正反馈。成就感有助于我们完成一些看似难以完成的任务。例如，不断建立正反馈可以让人在枯燥的学习过程中获得坚持下去的动力。而把时间花在有价值的地方，比如帮助解决他人的痛点让我们收获了更多的赞扬和鼓励，从而让我们能更积极地做有意义的事。

- 反思和举一反三。可以尝试在每个周末都花一点时间回顾本周做了哪些事情，时间安排是否合理，以及还有哪些可以优化的地方。然后对下周的主要任务做一下规划，并为这些任务设定优先级顺序。
- 每周都对自己时间管理的得失做出总结，并基于此制定优化计划。在复盘时得到的正反馈，有利于巩固个人时间管理的习惯。需要注意的是，也要允许偶尔出现“负反馈”，因为一个人的状态总会有高潮和低谷，将其控制在一个合理范围内就可以。

时间管理的要义在于时间可以被管理，让人掌握对时间的主动权，而它的终极目标是通过减少虚度光阴、无谓的消耗和低质量的重复劳动来延长有效寿命，以及通过聚焦高价值主题和实现自我增值来拥有更有意义的人生。

16

研发效率

很多人认为效率就是个人在单位时间内或单位人数在某段时间内完成的任务量。这个看法是错误的。效率不是比谁做的事情多，而是比谁做的事情更有价值。一个工人一天可以制造很多产品，但如果没有市场需求，这种生产就没有创造价值。

效率的计算

效率=有用功/总功。换句话说，效率代表的是一个团队用相同时间和人力实现有价值的产出的能力。我们可以从这个公式入手，分析如何提高效率。

1. 增加有用功

你需要问需求方：为什么需要这个需求，它的价值体现在哪里，能让多少人获益？你还要多问需求方：为了确保按时交付，是否能简化需求？你需要问问自己：承包的是建筑工程还是装修工程？你还要问问自己：最大的业务瓶颈和用户的最大痛点是什么？

还有两点需要注意。

- 像乔布斯一样，询问产品经理或业务方，你现在提出的十个需求中，如果只能实现三个，是哪三个，为什么是这三个？增加有用功的关键不是实现更多需求，而是合理删减需求。
- 在创造价值方面，我们不能只是简单地将钱从别人的口袋里转移到自己的口袋里，而是要学习英国“工业革命”或美国“硅谷”的创新力，真正创造价值。

2. 降低总功

为了降低总功，需要仔细思考以下五方面。

- 需要反思一下自己是否将足够的时间花在提高工作产出上。也许你需要更多的时间来学习新技能、寻找更好的解决方案，或者通过与同事进行更深入的合作来提高整个团队的产出。
- 是否对不产生实际效益的支持性工作过分投入。这些工作可能是必需的，但是你需要重新考虑时间的分配，以确保能把时间和精力用在最需要的地方。
- 需要深入思考哪些工作具有高度的劳动密集性，是否可以通过优化流程或者自动化方法来减少或者消除这些工作。这样做不仅可以提高效率，还可以让自己和团队有更多的时间和精力去处理更有价值的任务。
- 需要认真考虑管理者和员工的能力素质，他们是否能帮助团队提高执行力。也许你需要花更多的时间来提高他们的能力，使他们能够更好地胜任工作。
- 需要审视团队的目标和战略是否清晰，以及是否需要优化和调整，以更好地实现长期目标。或许你还需要重新评估团队成员的角色和责任，以确保每个人都在为实现共同的目标而做出贡献。

通过反思和审视，可以找到提高团队效率和工作产出的方法，并为实现长期目标奠定基础。

3. 形成合力

对于一个公司项目，每个团队都说自己已经尽力，但结果却不如人意。在项目交付后，底层、前端、后端、运维、产品、运营各团队都认为自己做好了分内的事情，而且他们各自的部分确实做得很好。但最终的产品仍然存在很多问题，原因为何？

答案很简单，效率并不是个体效率和单个团队效率的叠加，而是所有团队中的每个人对整个产品的共同使命的实现，只有这样才能实现整体效率的最大化。

尽管产品和业务相关的效率问题同样重要，但我们在这个层面上对“效率”的认识受限于每个人不同的经历、环境和视角，很难达成共识。本章主要对开发团队的效率问题进行剖析，围绕几种典型的软件开发方式展开，包括“锁式”软件开发、“接力棒式”软件开发、“保姆式”软件开发、“看门狗式”软件开发和“故障驱动式”软件开发。

“锁式”软件开发

如果有过并发编程的经验，你一定知道什么是“锁”，“锁”是用来同步和互斥的。各个开发团队之间也存在很多“锁”。

- “技能锁”。在一个项目中，团队需要对不同的模块进行开发，这些模块使用了不同的技术，如 Java、C/C++、Python 和 Javascript，然而，团队中的每位开发人员只懂一种编程语言，因此需要相关人员的协作和同步。这会导致很多“时间锁”和“进度锁”。原本两人三周就能完成的工作，现在需要八人干两个月。
- “模块锁”。不同的模块由不同的人负责，这些人齐头并进同样会产生“时间锁”和“进度锁”。每个人都有自己的时间安排，人越多“锁”越多，导致需要的人力和周期大幅增长。
- “二次锁”。这些拥有不同技能或负责不同模块的开发人员之间都有“时间锁”和“进度锁”，必须互相等待。这导致协作和同步的复杂度进一步加大，在协调上产生新的“时间锁”和“进度锁”。

- “沟通锁”和“利益锁”。沟通成本不容小觑，比如一个功能应该由哪个团队实现，牵涉的每个人都有自己的利益和盘算，团队需要用大量时间来处理推诿、官僚主义和办公室政治这类问题。

表面上分工和分模块是提高效率的前提条件，但实践中“分工”有可能被滥用，成为永远只做一件事的借口。程序员要想立于不败之地，需要掌握多种编程语言和技术模块，尽可能扩大自己的职责范围，这样才能发挥出自己的最大价值，让公司快速发展。如果学习新语言或新技术非常困难，则需要多在工作之余下苦功，主动寻找更好的资源和方法。

“接力棒式”软件开发

在有各种“锁”的软件开发团队里，我们一般都无法避免“接力棒式”的开发。也就是说，底层的 C 程序员将工作成果交给上层的 Java 程序员，新的成果再被交给更上层的前端程序员，最后的成果来到运维人员手中。

如果引入了软件开发流程，这种“接力棒”的方式更让人崩溃。例如，下游团队开发一个月，QA 人员测试一个月，运维人员分步上线一个月；然后上游团队拿着下游团队开发的 API 继续开发一个月，再交给自己的 QA 人员测试一个月，最后还需要由自己的运维人员上线一个月。一个个“小瀑布”就这样组成“大瀑布”，半年过去了。

有一种可能的优化方式是，让上下游先商定好接口，然后双方并行开发。但这不仅需要良好的接口设计，在实践过程中可能还会产生以下问题。

- 如果上下游团队在一起办公，那么还有并行开发的条件，否则，后面的团队要等到前面的团队提测后才能开始开发。这本质上还是串行开发。

- 如果有更多团队参与并行开发，接口就变得非常关键。而在实际情况下，由于没有专业的接口设计人员，在开发过程中接口经常需要修改，而接口不易用的确令人难以忍受。

在“接力棒式”的开发中，反向操作是有必要的——其他团队应该通过服务化或框架开发为应用团队提供接入。例如，前端团队可以构建前端开发框架，PE 团队可以构建运维开发框架和各种工具，共享模块团队可以构建开发框架，让应用团队自己来接入。这样做的好处在于，团队之间不再需要进行多次面对面的沟通，从而大大减少了沟通上的成本和偏差。

“保姆式”软件开发

所谓“保姆式”软件开发，就是开发人员只管写代码，不管测试和运维。在很多公司，测试团队和运维团队都成了开发团队的“保姆”。很多开发人员写完代码后基本上不自测就交给 QA 人员去测试；QA 人员即使能发现各种问题，但由于他们只会做黑盒测试，如出现问题，他们并不能马上确定是代码问题还是环境问题，因此也要花费大量时间排除环境问题后才能给开发人员报告 Bug。很多问题可能只需要进行代码评审或者单元测试就能发现，但开发人员却硬要将问题留给 QA 人员。而且，他们在开发软件时根本就没有考虑运维。

这和带孩子的情况是一样的。父母帮孩子做得越多，孩子越觉得理所应当，就越不愿意自己去做。“保姆式”开发一般会演变成如下的“保安式”开发：由于团队的开发人员能力不够，程序设计得不好，也未进行代码评审、单元测试，你只能找一大群 QA 人员看着开发人员；由于开发人员和 QA 人员只关注功能而不是运维，所以你还需要找一大群运维人员看着 QA 人员；由于技术人员不懂业务和需求，你需要再找一个商业分析师或产品经理来指导他们；由于技术人员不会管理项目，你还需要再雇佣一个项目经理、一个敏捷教练和一个 SQA 人员。

层层“保姆”“保安”看来看去，团队或部门里的人越来越多，整天都在开会，整天都在解释和争吵，还有什么效率可言呢？避免“保姆式”开发，可从以下四方面入手。

- 在招聘时不要只招会写代码的人，而应该招聘既懂“需求”又注重软件工程、软件质量和软件维护的工程师。这样可以保证开发出来的软件不仅能实现功能，还有更好的用户体验和可维护性。
- 最好的管理方式不是人管人，而是自己管自己。这意味着每个人都应该有自我约束和自我管理的能力，以便在独立完成工作的同时提高团队的效率和生产力。
- 在组织和团队中，做支持性工作的人越少越好，最好不要有。这是因为支持性工作往往不创造直接的价值，而且可能会浪费时间和资源。因此，尽量让每个人都专注于核心工作，服务于整体效率。
- 服务是一种重要的理念。服务于他人并不代表要帮对方干活，而是要帮助对方更高质量地完成工作，提高他们的工作效率和客户满意度。因此，应该尽可能地为他人提供有用的服务，而不是简单地完成任务。

运维要贯彻“云服务”的思路。如果一家公司的运维团队开发出一系列工具，并能提供运维咨询，让开发团队可以很容易地申请机器、存储、网络、中间件、安全等资源，以及实现管理、监控和部署应用，而不是给开发团队当保姆，那么这家公司可能会在不经意间做出一个云计算平台来。

“看门狗式”软件开发

“看门狗”（WatchDog）是指，为了解决某个系统的问题，用一个新的系统去看着这个系统。

- 系统架构过于复杂，出问题后开发人员难以查找原因。怎么办？搭建一个专门的监控系统。
- 系统配置太烦琐，容易出现配置错误。怎么办？增加一个配置校验系统。
- 系统配置和实际情况不一致。怎么办？增加一个巡检系统。
- 测试环境和线上环境容易混淆。怎么办？为线上环境增加权限控制系统。
- 系统出现单点故障。怎么办？增加一个负载均衡器，并为其增加等效路由器，以避免负载均衡器本身成为单点故障。

拆“东”补“西”地在系统中做加法，而不是简化系统，会让以后的运维很困难。没有考虑清楚就将代码提交到线上，之后如出现问题就无法重新设计并调整架构，只能以打补丁的方式来修复它。在实践中，我建议多使用已有的成熟方案，并通过参加行业会议和研讨会、阅读行业报告和白皮书、在社交媒体上关注行业专家表达的观点等方式扩充自己对基础知识和技术理论的储备。

我们对技术要有严谨的敬畏之心，很多事情都急不得，必须想清楚了再干。在开发的过程中，要坚持高标准，面向故障进行设计，并且应该进行充分的测试和评估，以确保系统的可靠性和稳定性。在设计和实施的过程中，我们则要面向未来，关注系统的可扩展性和可维护性，以便在系统需要更新和扩展时能够快速响应。

“故障驱动式”软件开发

WatchDog 通常被认为是“故障驱动式”软件开发的产物。这种只关注上线、出了问题再改的开发方式，实际上暴露出团队智力和能力的不足。领导或者业务方可能会说："我们一开始不需要完美的系统，先上线解决业务需求，有时间再重构和完善。"技术人员也会用"架构和设计是逐步演化出来的"这句金句来证明"故障驱动式"开发是值得的。

逐步迭代和架构演化的理念没有问题，但不能将其当作团队能力有限的万能借口。定位一个线上故障需要费很大的力气，用临时解决方案应付眼前问题显得很高效，但问题还会反复出现，甚至可能引发更大的问题。因此，总体上来说这种方式的效率是偏低的。尽管系统在一个又一个的故障后逐渐得到了改善，但为什么不能一开始就严谨地将系统设计到位呢？从来没有一个出色的系统是靠故障和失败案例积累而成的，即使是 Windows 系统。如果不是 Windows NT 一步到位的精心设计挽回了 Windows 95/98 史上最差的口碑，Windows 系统或许也早已不复存在。

需求与效率："T 恤"估算法

没有市场需求，生产就创造不出价值。团队实现的有价值的产出有时候与需求评估相关。产品经理会评估每个需求的业务影响力，并用 T 恤尺码中的 XXXL 号表示可能影响的千万量级的用户或占据的一亿美元市场，用 XXL 号表示可能影响的百万量级的用户或占据的千万美元市场，XL 号、L 号、M 号、S 号代表的含义以此类推。在此设定下，开发团队也会评估人员投入的时间成本，XXXL、XXL、XL、L、M、S 依次表示一年、半年、三个月、两个月、一个月和两周以下的开发时间。

因此，当业务影响力为 XL、时间成本为 S 时，需求拥有最高优先级；当业务影响力为 M、时间成本为 M 时，需求拥有低优先级；

当业务影响力为 S、时间成本为 XL 时，该需求应该被砍掉，以免赔本；当业务影响力为 XXL、时间成本为 XXL 时，需要将需求简化为 XL 级，将时间成本降至 M 级以下。

“T 恤”估算法给需求与开发时间提供了合理的对照标准，有利于提高开发效率。

加班思维

研发产品就像登山。登山比的不是速度，而是策略和意志，最先登顶的不一定是那些一开始爬得快的人。对于危险的雪山，登顶者通常要做好充分的准备，要保留体力，每一步都不能出错，更不能强行登顶。《重来》一书中也有类似的观点。

- 条件受限是好事。因为这可以让你“小材大用”，迫使你不能再用蛮力完成工作，必须去思考使用知识密集型的解决方案来更聪明地解决问题。
- 工作狂往往不得要领。他们花费大量时间去解决问题，以为可以通过蛮力弥补思维上的惰性，结果却折腾出一堆粗糙无用的解决方案。

在使用人工织布机的年代，当面对大量订单时，工厂可采用的一个简单的方法就是拼命地增加工人，以及让工人拼命地工作。只有在劳动力不够或是劳动力成本太高的情况下，工厂才会考虑优化工具，或制造更有效率的新工具。由于劳动力成本不高、工厂创新能力有限，以及 KPI 的重压，管理者们放弃了知识密集型的创新，很自然地想到靠加班来提高产能。事实上，加班只适合偶尔用来冲刺，不应该成为常态，否则无异于饮鸩止渴。

有时候，我们需要“卡位”，通过快速发布一个产品来占领市场，所以只能加班，但卡位后必须立即提高产品的质量。微软有两个

Windows 开发团队，一个团队负责抢先占领市场，另一个团队则一直潜心开发新产品。“卡位”在某种程度上是有价值的，但我们仍然需要思考是否有必要采取极限加班这种非常规手段。

其实，加班思维导致的问题还有很多，比如配置管理上的问题。源代码的配置管理并不是一件简单的事情。配置管理与软件和团队的组织结构密切相关，有两种非常低效的配置管理方式：一种是以开设项目分支的方式来进行项目管理——团队同时开设多个分支且分支存续时间很长，导致团队合并回主干时需要花费大量时间来解决各种冲突。另一种是多个团队都在同一代码库中进行修改，导致出现许多复杂的问题。例如，如果某团队的更改引发一个 Bug，要么所有团队开发的新功能都必须等待此 Bug 被修复后才能发布，要么就只能将所有变更回滚到上一个版本，包括其他团队开发完的功能。很明显，软件模块的结构、软件的架构及团队的组织结构都会严重地影响开发效率。

再比如，大多数软件团队和主管都会用“人手不够”来掩饰开发效率不足，然而在出现大量故障后，他们又会启用更繁重的“人工流程”来补救，而且从未考虑使用“技术”或更“智能”的方式来解决问题。此外，人员和团队多了，团队里的想法也就多了，人们需要不断地开会讨论才能推动开发进程。

结合以上加班思维的弊端，可以得出一些重要结论。

- 软件工程师分工越细，团队就越没有效率。改善团队间的服务才是重中之重，服务不是“我帮你做事”，而是“我让你做起事来更容易”。
- 如果非要在一个环节上较真，那么这个环节越靠前，软件开发就越有效率。要么在设计和编码时认真，要么在测试上认真。否则，等到运维阶段处理故障，效率会大幅度下滑。

- “小而精的团队”+“条件和资源受限”是高效率的根本。团队小内耗才会小，条件或资源受限我们才会去用最经济的手段做最有价值的事，才会追求简单和简化。
- 技术债是不能欠的，要果断地偿还技术债。很多问题一开始不会有就永远不会有，一旦一开始搞砸了，后面只能越来越糟糕，直到没有人敢去还债。
- 软件架构上要松耦合，团队组织上要紧耦合。
- 工程师文化是关键，重视过程就是重视结果。强调只重视结果的 KPI 考核不可取。

效率提升只和合理利用时间、资源来创造更多价值有关，可以通过提高工作质量、改进工作流程、优化协作机制等方式实现。研发效率是一个组织的核心竞争力，值得我们长期投入、精打细算，以及不断引进和优化技术。

17

技术领导力

本章讨论的是在技术方面保持领先优势，而不是如何成为一名管理者。由于“技术无法长久，只有商业才能长久”的说法不绝于耳，我们首先需要直面技术是否有前途这个问题。如果答案是否定的，那么推崇技术领导力就是一个伪命题。

技术重要吗

在中国，程序员通常以“码农”自嘲，形容自己像编程的农民工，从事的都是体力工作，经常需要加班。很多程序员认为做技术没有什么前途，都想要转向管理岗位或者更换行业。这是中国软件开发人员面对的现实问题。

发达国家人口较少，行业竞争虽然激烈但技术相对成熟，许多公司更多采用“精耕细作”的方式发展。中国人口众多，处于加速发展中，很多公司都在迅猛扩张。因此，中国的程序员似乎面临着更多问题。

中国的基础技术储备存在不足。因此，比起在技术竞争中获得更多市场份额，在销售、运营、地推等简单的业务活动中能更快速有效地获得市场份额。“精耕细作”比拼的是如何在同样面积的土地上更快、更多地种出粮食，这完全取决于技术。

每个民族、国家、公司和个人都有自己的发展过程。总的来说，中国的很多公司目前还处于起步阶段。为了快速扩张，它们需要通过加班、加人、“烧钱”、并购、炒作、运营、打造“爆款”等方式来获取更多用户和市场份额，而技术人员在这个洪流中只能被驱动，接受“狼性”文化和“打鸡血”文化的熏陶。

但是，这种方式是可持续的吗？公司能永远这样发展吗？就像在人类发展的早期，掠夺是有效的发展模式，一旦没有太多可以掠夺的资源，人类就需要发展“自给自足”的能力。对于想要变强大的公司，掌握先进技术才能不被市场淘汰。这也是为什么亚马逊、脸书这样的公司最终都会发展自己的核心技术、提高自己的技术领导力，从早期的业务型公司转变为技术型公司。那些老牌技术公司，比如雅虎，在发展到一定程度时错误地将自己定位成广告公司，从此开始走下坡路。

同样，谷歌当年全力发展社交业务也是一个失败的案例。谷歌前 CEO 拉里·佩奇（Larry Page）看到苗头不对后重新掌舵，恢复工程师掌权的惯例，才有了无人车和 AlphaGo 这样真正能够影响人类未来的惊世之作。微软在某段时间由一个做电视购物出身的人担任 CEO，导致公司技术领导力减弱，公司开始走下坡路。苹果公司在聘任了一个没有技术背景的 CEO 后几近破产。尊重技术和不尊重技术的公司在发展初期可能还没有明显差异，长期来看差距就很显著了。

因此，在当今技术飞速发展的形势下，无论是国家、公司还是个人，拥有技术领导力的长远价值不可估量。简单来说，技术领导力就是在对方还在使用大刀、长矛的时候，你已经开始使用枪炮；在对方还在用马车出行的时候，你已经开上了汽车……

什么是技术领导力

技术领导力呈现出来的不仅仅是技术，更是一种可以拥有绝对优势的技术能力。我们可以从人类历史上的几次工业革命中找出技术领导力的共性特征。

- 第一次工业革命期间，机器开始取代人力和畜力，大规模的工厂开始取代个体手工业。
- 第二次工业革命以电力的大规模应用为代表，以电灯的发明为标志。电力和内燃机技术的出现让人类进入了真正的工业时代。
- 第三次工业革命创造了电脑工业这一高科技产业。计算机的发明是人类智力发展道路上的里程碑，科学技术推动生产力发展的速度开始加快。

从蒸汽机时代到电力时代，再到信息时代，有一条清晰的脉络可循。

- 核心技术：蒸汽机、电、化工、核能、炼钢、计算机等关键技术的突破和工具的创新，有助于人类发明更多更强大的工具，而这些工具能让人类实现以前无法企及的梦想。
- 自动化：用机器实现自动化是三次工业革命的高潮。通信、交通、军事、教育、金融等各个领域都在推进自动化，以更低的成本实现了更高的效率。
- 解放生产力：人类从劳动密集型的工作中被解放出来，可以去做更高层次的知识密集型工作。当今 AI 工具取代人类去做知识密集型工作依然是在进一步解放生产力。

基于以上特征，我们可以总结出技术领导力的主要表现。

- 尊重技术，追求核心基础技术。
- 追求自动化、高效率的工具和技术，同时避免低效的组织架构和管理。
- 解放生产力，追求效率的提高。
- 开发抽象和高质量的可重用技术组件。
- 坚持高于社会主流的技术标准和要求。

如何拥有技术领导力

虽然，并不是所有的人都能够创造核心技术，但这并不妨碍我们拥有技术领导力。比如，发动机引擎这种突破性发明，门槛的确很高，但工程方面的技术，比如让汽车安全行驶的解决方案，所有的工程师都有机会参与研究。

对于软件工程师而言，想要拥有技术领导力应该具备以下特质。

- 具备发现问题的能力。需要能够识别问题并提出改进建议，能够对各种解决方案进行评估和比较，以找出最佳的解决方案。
- 具备发现现有方案中的问题的能力。需要能够识别现有方案的缺点和局限性，并提出改进的建议。
- 具备提供解决问题的思路和方案的能力。需要能够提出多种解决方案，并能够对这些方案的优缺点进行比较和评估。
- 具备做出正确技术决策的能力。需要能够选择适用的技术方案，能够确定实现这些方案的方式和方法，并将其用于实践项目。
- 具备用更优雅、更简单、更易于理解的方式解决问题的能力。需要能够将复杂的问题简化，并锁定最简单的方式来解决问题。
- 具备提高代码或软件的可扩展性、可重用性和可维护性的能力。需要能够编写清晰、易于理解和修改的代码，并能够通过遵循最佳实践来提高软件的可维护性。
- 具备用正确的方式管理团队的能力。需要能够合理安排团队成员的任务，以发挥每个人的潜力，提高团队的生产力和人力资源效能；能够找到最有价值的需求，并以最低的成本实现。此外，还需要不断提高自己和团队的工作标准。
- 具备创新能力。需要能够使用新的方法和技术来解决问题，并保持对新工具和新技术的追求。

不同问题对能力的要求不同，因此具备以上所有能力并不容易。

在任一个团队中，大多数人都在提问题，只有少数人在回答问题，或提供解决问题的思路和方案。这少数人就是有技术领导力的人。那么，怎么才能成为拥有技术领导力的少数人呢？对于软件工程师而言，可以从吃透基础技术、提高学习能力、坚持做正确的事情和高标准要求自己这四方面来入手。

吃透基础技术

基础技术是各种上层技术共同的基础。熟悉基础技术有助于开发人员更好地理解程序的运行原理，并基于这些基础技术开发更优质的产品。具体来说，学好基础技术有如下好处。

- 一栋楼的高度和一座大桥的长度，取决于地基。同样地，技术人员对基础知识掌握得越扎实，走得越远。
- 计算机技术虽然看上去五花八门，但只是表现形式多，基础技术的种类有限。学好基础技术，能游刃有余地掌握各种新技术。
- 分布式架构和高可用、高性能、高并发的解决方案都基于基础技术。因此，学习基础技术能掌握更高维度的技术。

基础技术学起来有些枯燥，但仍然需要我们耐下心来努力掌握。这些技术可以分为编程和系统两个部分。

1. 编程部分

学习编程需要掌握 C 语言、编程范式，以及算法和数据结构。C 语言更接近底层，可以用来和内存地址打交道。开发人员学习 C 语言的好处是能掌握程序的运行情况，并能进行应用程序和操作系统的编程（操作系统编程一般采用汇编语言和 C 语言）。编程范式有助于培养抽象思维，提高编程效率，以及提升程序的结构合理性、可读性和可维护性。算法和数据结构是程序设计的有力支撑，适当地应用算法可以提升程序的合理性和执行效率。

- C 语言：它的代码比较容易被翻译成相应的汇编代码，而且内存管理更为直接。想学好 C 语言要多写程序，多读一些优秀开源项目的源代码。学习 C 语言除了能帮你了解操作系统，还能帮你更清楚地知道程序是如何精细地控制底层资源的，如内存管理、文件操作、网络通信等。需要说明的是，我们还是需要学习汇编语言，以便更深入地了解计算机如何运作，以及在需要编写 Lock Free 之类高并发的实现时更好地理解和思考其原理。
- 编程范式：各种编程语言都有各自的编程范式，比如面向对象编程（C++、Java）、泛型编程（C++、Go、C#）、函数式编程（JavaScript、Python、Lisp、Haskell、Erlang）等。学好编程范式，有助于降低代码的冗余度，进而提高代码的运行效率。要学习编程范式，还需要了解更多语言的功能特性。
- 算法和数据结构：算法是编程和计算机科学的重要基础。任何有技术含量的软件都有高级的算法和数据结构。比如，Epoll 中使用了红黑树，数据库索引中使用了 B+ 树。业务系统也离不开各种排序算法、过滤算法和查找算法。学习算法不仅是为了写出运行更为高效的代码，更是为了能够写出可以覆盖更多场景的正确代码。

2. 系统部分

这部分包括计算机系统原理、操作系统原理、网络基础、数据库原理和分布式技术等知识。学习这些知识有助于理解计算机底层、程序管理、网络协议、性能调优和分布式架构等原理。

- 计算机系统原理：包括 CPU 体系结构（指令集 CISC/RISC、分支预测、缓存结构、总线、DMA、中断、陷阱、多任务、虚拟内存、虚拟化等）、内存原理与性能特点（SRAM、DRAM、DDR-SDRAM 等）、磁盘原理（机械硬盘的盘面、磁头臂、磁头、启停区、寻道等，固态硬盘的页映射、块的合并与回收算法、TRIM 指令等）、GPU 原理等。学习计算机系统原理的价值在于，能够借鉴这些原理来设计分布式架构和高并发、高可用架构。例如，虚拟化内存和云计算虚拟化的原理是相通的，计算机总线和分布式架构中的企业服务总线也有相通之处，计算机指令调度和并发控制原理可用来理解并发编程和程序性能调优。

- 操作系统原理：包括进程、进程管理、线程、线程调度、多核的缓存一致性、信号量、物理内存管理、虚拟内存管理、内存分配、文件系统、磁盘管理等。学习操作系统相关知识既有助于理解程序是如何被管理的，也有助于了解操作系统的具体运行，包括如何对应用程序提供支持，能抽象出的编程接口（如 POSIX/Win32 API）及其性能特性（如控制合理的上下文切换次数），以及保障软件配合运行的进程间通信机制（如管道、套接字、内存映射等）。学习操作系统知识，一是要仔细观察和探索当前使用的操作系统，二是要阅读操作系统原理相关图书，三是要阅读 API 文档（例如 Man Pages 和 MSDN Library），并编写调用操作系统功能的程序。操作系统是所有程序运行的物理世界，无论是 C/C++ 这样支持编译成机器码的语言，还是 Java 这样有 JVM 中间层的语言，抑或像 Python/PHP/Perl/Node.js 这些直接在运行时解释的语言，在底层都无法摆脱操作系统这个物理世界的定律。因此，了解操作系统的原理可以从本质上理解各种语言或技术的底层原理，从而让人更容易掌握和使用高阶技术。
- 网络基础：计算机网络是现代计算机不可或缺的一部分。我们需要了解基本的网络层次结构（ISO/OSI 模型、TCP/IP 协议栈），包括物理层、数据链路层（包含错误重发机制）、网络层

（包含路由机制）、传输层（包含连接保持机制）、会话层、表示层和应用层。在 TCP/IP 协议栈里，会话层、表示层和应用层这三层可以合并为一层。学习基础的网络协议，比如底层的 ARP、中间的 TCP/UDP 及高层的 HTTP，可以为分布式架构的技术问题提供解决方案。比如，TCP 的滑动窗口限流完全可以用于分布式服务的限流。

- 数据库原理：通常操作系统用文件系统来管理文件，而文件比较适合保存连续的长信息，如文章、图片等。但有的信息仅包含几个字节，如名字等。如果单个文件用来保存名字这样的短信息，就会浪费大量的磁盘空间，而且查询起来也不方便（除非使用索引服务）。但数据库则适合保存这种短信息，并且可以方便地按字段进行查询。现代流行的数据库管理系统有两大类：SQL（一般基于 B+ 树，具备强一致性）和 NoSQL（基于哈希表或其他技术，一致性较弱，存取效率较高）。学习数据库原理有助于了解数据库访问性能调优的要点，以及保证并发情况下数据操作原子性的方法。学习时可以多进行数据库操作及数据库编程，多观察、分析数据库在运行时的性能。
- 分布式技术：数据库和应用程序服务器在应对互联网数以亿计的访问量时，需要通过实现横向扩展来提供足够的性能，这就用到了分布式技术。它覆盖负载均衡、DNS 解析、多子域名、无状态应用层、缓存层、数据库分片、容错和恢复机制、Paxos、Map/Reduce 操作、分布式数据库一致性（以 Google Cloud Spanner 为代表）等知识点。学习的有效途径是参与分布式项目的开发并阅读相关论文。

学习基础技术通常不可以速成，需要随着阅历和经验的增加而不断地做积累。

提高学习能力

学习能力指的是快速学习新技术及深入掌握关键技术的能力。只有理解了基础原理，才能拥有良好的学习能力。以下是提高学习能力的一些方法。

- 重视信息来源。通过优质的信息来源，可以更快地获取有价值的信息，从而提高学习效率。常见的信息来源包括搜索引擎、Stack Overflow、Quora 社区、图书、API 文档、论文和博客等。建议用英文搜索想要了解的知识，最好直接到社区里去找技术的创作者或专家交流。
- 与高手交流。程序员可以通过加入技术社区、参加技术会议或加入开源项目与高手交流。这对程序员的学习和成长非常有益，不仅有助于他们了解热门技术方向和关键技术点，还可以让他们通过观察、揣摩高手的技术思维和解决问题的方式，提高自己的技术前瞻性和技术决策力。我在 Amazon 工作时，前辈建议我多和美国 Principal SDE 级别以上的工程师交流，事后看的确无论与高手交流什么都有收获，我的技术思维从而有了质的提升。
- 学会关联思考。例如，了解操作系统和网页的缓存后，需要思考它们之间的相同点和不同点；了解 C++的面向对象特性后，需要思考其与 Java 面向对象的相同点和不同点。在遇到故障时，尽量把同类问题一次性处理完。
- 在困难中成长。遇到难点，不花一番力气是不可能有突破的。但只要不打退堂鼓，总能找到出路。如果总在解决困难、寻找脱困的方法和路径，时间一长就能拥有别人没有的能力。
- 保持开放。实现同一个目的通常有多种办法，不拘泥于特定平台、语言往往能带来更多思考，也能得到更好的结果。通过比较不同方案，程序员就可以知道在什么样的场景下用什么样的方案，个人的思路也会更全面和完整。

坚持做正确的事

做正确的事比用正确的方式做事更重要，因为只有这样我们才能始终朝着目标前进。关于什么是正确的事，以下是我的个人见解。

- 提高效率的事。学习并掌握良好的时间管理技巧，有效地管理时间，力争使效率得到显著提高。
- 推动自动化的事。程序员应充分利用职业特长，在可以自动化的地方编写自动化程序，以提高效率。
- 贴近前沿技术的事。掌握前沿技术有利于拓宽视野和找到更好的工作。但某些热门技术并不前沿，只是易于上手和应用，或者性价比高。因此，要根据自己的兴趣来选择领域，有的放矢地投入时间。
- 知识密集型的事。所有劳动密集型的事都可以由程序和机器来完成，而知识密集型的事则更能体现人的价值。虽然现在人工智能似乎可以处理一些知识密集型的事，但在开放领域人类智能更具优势，掌握开放领域的知识依然有很高的价值。
- 技术驱动的事。这不仅指用程序驱动的事，也包括任何用技术改造世界的事，例如自动驾驶、火星登陆等。即使个人目前用不上某些技术，但也应该对它们有所了解，以提前适应未来的技术变革。

高标准要求自己

只有不断提高标准，个人的知识境界才能越来越高。下面是一些实践方法。

- 谷歌在面试中让应聘者用自我评分卡对自己在各领域的技能

掌握程度进行评估。我们可以参考这个工具来对自己进行评估，以不断提高自我要求。

- 敏锐的技术嗅觉是一个相对综合的能力，需要个人充分利用信息源、了解新的技术动态，以及通过参与社区讨论来丰富自己对技术的理解。无论是新技术还是老技术，程序员都要了解其能解决哪些实际问题，并且要思考技术的重大版本变化的演进脉络。
- 学习服务于实践。学习知识时，一定要将其用在工作中或自己的项目中。这不仅有利于个人吸收和理解知识，还有利于个人深入了解技术的本质。此外，比较新技术与现有技术在解决现实问题时思路的异同和效果的优劣，可以让我们提前找到新技术需要改进的地方。
- 永远编程。不写代码，你就对技术细节不敏感，无法提供面向实践的技术决策和解决方案。

不要小看这些方法和习惯，坚持下来你就能创造奇迹。下一个针对关键技术的改进或开源项目的重大修改，也许就出自你的建议——技术领导力的体现之一就是指明技术的未来发展方向。只要坚持全面提升技术造诣、锻炼技术思维、培养前瞻性和决策力、修炼解决问题的软技能，你终将成为一名合格的技术领导者。

18

管理方式

StackExchange 上有一个问题——“为什么项目经理（PM）和业务分析师（BA）的薪水比程序员高”，它引发了一个非常值得思考的追问：为什么在软件公司中 PM 和 BA 这类岗位通常在组织的高层，而软件项目团队总是在组织最底层？为了探讨这个问题，我们需要先了解世界上现存的两种软件公司组织结构：小商品工厂（Widget Factory）和电影工作组（Film Crews）。

小商品工厂与电影工作组

1. Widget Factory 的管理方式

Widget Factory 试图解决这样的问题——如何激发被“X 理论”影响的人。X 理论由麦格雷戈提出，该理论的观点为：由于天性懒惰，每个人都希望工作越少越好，只要有可能就会逃避工作，而且对组织目标不感兴趣。因此，管理者需要通过高压强制、威胁惩罚、利益诱导等手段来激发团队的工作动力。基于这个前提，整个团队很容易被一个经理所取代，因此这种公司的组织结构通常是树状层级式的，而不是扁平式的。

Widget Factory 基于一种假设：软件生产既需要 PM 的监管，也需要 BA 提供一个定义明确的软件需求规格说明书。在这个假设中，团队需要为软件项目配置足够且可替换的编程资源和测试资源。所有工作都是由事先安排好的预算来驱动的，这个预算由 PM 和 BA 在初始化业务用例的时候制定。

Widget Factory 型公司注重资源、流程、运营效率、一致性及可重复性，严格控制资源使用，有鲜明的工作角色定位和流程定义，对实实在在的软件开发并不关心，真正重视的是软件开发运作的蓝图。

2. Film Crew 的管理方式

Film Crew 的前提是，员工具有相当高的智力和创造力，是可以自我激发、自我调节和自我监督的，并且享受工作。由于个体所具备的专业能力要远远优于他们被组织培养出来的能力，经理不再能代替每一个人，而树状的层级架构也无法高效运作——人们通过比较复杂的形式合作才能把事情完成。由于工作职责变得垂直，每个人都需要具有从上到下且比较宽泛的各种管理和技术能力。

要想生产伟大的软件，一个无与伦比的团队不可或缺，并且要帮助这个团队凝聚起来。Film Crew 的主管负责鼓舞士气、守护愿景（Vision）、提供方向，以及集中所有人的精力。团队里的每一个人都很关键，因为主管相信软件的成果归功于所有的参与者及独特的团队工作方式。预算和拨款则由项目的愿景驱动。

3. 两种管理方式的对比

从报酬角度，Widget Factory 的逻辑是，有价值的东西都是从项目经理（Project Manager，PM）和业务分析师（Business Analyst，BA）等岗位的工作中派生出来的，所以这类岗位人员理应常驻管理层并享有相应的报酬。软件团队只要正确地把需求变成可工作的代码即可，他们的工作没那么重要。PM 和 BA 努力维护自己的权益，通常不会让普通员工得到项目的原始信息。信息匮乏的程序员成为只听命于 PM 和 BA 的“工人”，这进一步印证了一种不太全面的认知——程序员都差不多，只能机械地干一些很复杂但很标准的事情。

Film Crew 则主张平等的工作职能，每个成员都可以不受限制地获得主要的原始信息，所有人都能形成自己的价值判断，并且可以自由地选择实现团队愿景的方式。领导力基于人的能力而不是工作角色。报酬折射出一个人在项目中如何工作、为软件创造了多大价值，以及产生了什么结果。在这种环境里，PM 不太可能是一个有创造力的领导者，被弱化成行政管理上的支持者，以及团队的外部联系人；而 BA 的部分工作直接被团队取代。

今天，大多数软件开发团队及咨询工作都运作于 Widget Factory 管理模式之上，依赖于流程并不断制造出无聊的软件。PM 和 BA 比程序员挣得多基于他们可以创造更多价值，在这种组织架构和管理模式中，程序员很难证明该前提是错误的。

成功的软件公司趋于采用 Film Crew 的管理方式，只有这样才能不受妨碍地吸引顶尖人才，因为只有顶尖人才才能创造出伟大的软件。在这种公司里，优秀程序员的收入会比 BA 和 PM 高出很多。

有人说 Widget Factory 使用的是瀑布式开发方法，而 Film Crew 使用的是敏捷方法，这种说法并不准确。有的公司虽然使用敏捷方法，但本质上仍然是 Widget Factory 型公司——开发团队中设有 PM 和 BA，经理们喜欢谈论资源和流程，却几乎从未真正分担过软件开发的压力。

行之有效的敏捷方法

作为敏捷方法的发起人和传道者，Martin Fowler 及其所在的 ThoughtWorks 公司一直试图从理论层面证明该方法的可行性，并不厌其烦地解答客户的各种困惑。

Martin Fowler 谈到过有趣的“语义扩散”（Semantic Diffusion）现象：在传播的过程中某种思想的语义渐渐变得模糊。在敏捷开发领域，其导致的问题是，在一些项目中我们甚至无法辨别出敏捷方法的影子。这是因为敏捷方法中的很多概念不够直观，很多人没有真正理解敏捷方法，也就无法正确地运用与实践，从而不知道自己是否能从敏捷方法中获益。

1. 敏捷方法和计划驱动方法的区别

敏捷方法强调自适应计划、以人为本和沟通。自适应计划缩短了计划的周期。以人为本就是让参与软件开发的人员自己来定义和选择适合的流程。沟通是敏捷方法的核心，具体沟通方式包括单元测试、功能测试、故事墙、回顾、功能演示、持续集成等。

传统的计划驱动方法是一种基于预测的方法，项目成功的标准是按计划、按时、按预算完成工作。这种方法适用于很多领域。但是在软件开发领域，如果需求不断变更，我们就无法保证计划和工作不发生变更。因此，敏捷方法中引入了自适应计划的概念——既然需求不断变更，我们就随时准备接受挑战。自适应计划倡导以数周为单位的迭代周期。在每一个迭代周期中，我们根据当前情况不断调整计划及其执行过程，同时不断将能够工作的代码部署到生产环境中。实现这个目标需要使用自测试代码、持续集成、重构和简洁设计等技术层面的方法。Martin Fowler 指出，一些公司受困于敏捷方法的原因之一是实施者忽略了技术层面的方法，而仅仅采用了项目管理层面的方法。

软件开发要求组件之间环环相扣，能严密地协同工作。软件开发的核心是人，人相对于流水线而言是不可预测且不那么精密的。因此，软件开发领域无法继续保持计划驱动方法的传统——事先定义好方法和流程并在工作中严格执行。事实上，敏捷方法正好反其道而行之，提倡让软件开发人员来定义和选择适合自己的流程。当然，敏捷方法在不把人当螺丝钉的同时，对人的素质也提出了更高要求。

2. 沟通

人的社会性决定了沟通的重要性。直接对话是最为有效和便捷的沟通方式，可确保信息传递的顺畅和完整。虽然电话已经普及多年，但其通话过程仍然是有损的——因为缺少了多模态输入，信息接收者需要努力将信息拼凑得更完整，否则无法完全理解。

在软件开发领域中，善于根据用户反馈来做出判断和调整才有可能提高产品的质量。对此，可以拿做蛋糕和在酒店沐浴进行类比。做蛋糕的流程和配料非常固定，按部就班即可做出味道相对一致的成品，而每一家酒店的淋浴设施可能都有些许差异，客人需要不断调试才能获得理想的水温。这个不断调试的过程，更加符合软件开发的特征，反复用手试水温就是一种“沟通”行为。

沟通是敏捷方法的核心。在敏捷方法中，单元测试是程序员和代码组件之间的沟通，功能测试是程序员、QA 人员和系统之间的沟通，故事墙和回顾是团队成员之间的沟通，功能演示是企业通过产品和最终用户的沟通，持续集成是产品和企业计算环境的沟通。任何问题只要能沟通好，都可以得到妥善解决。

影响软件质量的潜在因素

无论我们采用多么精妙的算法、多么先进的技术或多少高明的设计，如果不能保证产品质量，一切都有可能成为空谈。下面是一些最终决定软件质量的重要因素。

- **始终从用户角度出发：**无论何时何地，我们都需要理解当前或未来的用户需求，以便能够尽快满足用户的需求，甚至超出用户的期望。从某种意义上来说，质量管理的目标就是实现用户需求。我们需要通过质量管理来管理软件产品与用户的关系，还要基于用户需求管理整个团队（开发组、测试组、产品组、项目组等）的沟通有效性。

- **领导能力**：领导者需要建立一个团结一致且有明确方向的团队，还需要创造并维护相互信任的内部气氛，使得所有人都能参与实现整个团队的目标。领导者不仅要有前瞻性，还要对团队成员进行积极的引导和激励，比如提出一种有效的奖罚机制。
- **团队成员的主动参与性**：只有不同分工和职责的团队成员都参与进来，整个项目或是整个软件的各个部分和各个方面才会得到完美的实现。为此，我们要让团队成员认为自己是工作或任务的主导者，这样他们才有主动参与的动力。我们还需要让每个参与者能在关注用户这件事上互相支持并形成默契。
- **流程方法**：我们需要通过有效率的流程或方法来把所有的资源和日常工作整合在一起，形成一种流水线式的生产模式。为此，需要先定义一个合适的流程，用来确定整个生产活动的输入、输出及功能。我们还需要对风险、责任分配及内外部用户进行管理。
- **团队系统管理**：我们需要确定、理解并管理一个与团队相关的系统流程，以使整个团队能够有效并快速地自我改善。为此，我们需要定义一个高效的组织架构，并且了解团队（硬件人员、软件人员等）的需求，以及可能存在的限制。只有这样，我们才能有效地管理整个团队。
- **持续改进**：不断改进是一个团队的永久目标。工作效率的改进是重中之重，其很大程度上取决于工作流程的改进。因此，流程改进需要长期进行。一般来说，我们可以采用“计划-执行-检查-总结”（PDCA）的循环方式。
- **基于事实做决策**：只有分析实际数据和信息，我们才能做出有效的决策。为此，需要注意收集日常数据和信息并对它们的精确性进行测量，以保证决策的依据是正确的。
- **互惠互利：**虽然各部门或子团队在职能上是独立的，但是互惠互利的企业文化可以增强公司的整体实力并实现公司的长远价值。

细说分工

坚决抵制 QA 岗位和事事都设专门岗位都是极端的做法。在分工上我们不能盲目地认为存在即合理，而是要尽可能地独立思考。

1. 分工的优点和缺点

分工降低了专业技能的门槛，让很多工作得以并行执行，使得很多重复劳动可以用技术手段来解决，确实可以提高生产力。但分工过细也会带来问题，简单重复的工作会让人变成不会思考的机器，不能完全领会工作目标而返工，还会带来沟通和协同成本，从而不利于提高生产力。

分工之所以值得提倡，正是因为利大于弊，且分工带来的问题是可以解决的。比如，标准协议可以帮助我们解决沟通问题。即使制造灯泡、开关、灯座的厂家完全不知道彼此的存在，分头制造出来的产品也可以拼装在一起正常工作，这就是标准化生产的优势。

2. 全球化背景下的分工

当初美国科技公司进入中国时，首先落地测试工作，这使得我们的普通技术人员有机会参与技术含量较高的复杂项目。但后来中国人力成本逐渐攀升，雅虎和 Adobe 先后离开。可见，全球化分工既能制造机会，也会带来冲击。

美国公司把技术工作外包到中国是基于成本最优化的选择，当这个优势不复存在时，资本会很快涌向其他拥有廉价工程师的国家。同理，不要以为不提倡全栈就能保住 QA 这类岗位。QA 岗位的消失是社会化分工的结果。

为了在全球化分工中让工作获得高附加值，我们的工作性质必须从劳动密集型转向知识密集型，从支持性转变为产出性，我们的人才必须从单一技能型发展为复合技能型。

3. 分工的不同侧面

一方面，为了追求更快速、更低成本的生产，有的企业最终必然会选择将业务层层外包，从而导致产品质量管理失控；另一方面，当规模不断扩张时，有的企业受人数所迫，只能把工作和任务分得越来越细，从而出现人浮于事的现象。

但每当新技术出现时，一些复杂的工序最终都会由一台机器或是一种先进的技术来完成，比如机器生产之于手工生产，自动化生产之于传统人工生产，AIGC 创作之于原创输出。

当面对线上故障或复杂的软件生产等难题时，企业是增加更多的流程和人手，还是要用技术手段加以解决？答案取决于企业更注重分工的哪一个侧面。

4. 更好的分工

分工是一种组织和管理的形式。现代公司主要有两种分工模式。

- 控制型（Control）分工模式：企业基于工作技能进行分工，员工会被分配到一个比较窄的技能领域去完成非常明确的工作。
- 责任型（Commitment）分工模式：企业面向员工的责任心和所承担的目标来分配工作，员工在完成工作时需要的不仅是技能，还需要有更强的责任感。

简单来说，控制型的公司会对技术人员做出细致划分，或按照编程语言划分，或根据 Web 端、iOS 端、Android 端、后端、算法、数据等划分，或将他们分为开发人员、测试人员、运维人员等。责任型的公司会将员工统称为软件工程师，因为管理者认为，他们招聘的不是只具备特定语言技能的编程人员，而是学习了多种语言和技术，能够保证软件质量并能够对软件进行维护的全能型人才。这样的软件工程师可以加入各种团队，企业则根据软件的功能、模块或产品线来灵活调整分工。

对于管理这个话题，作为程序员，我们更应该考虑的是，自己是做一个螺丝钉还是成为一个多面手；是选择支持性的工作还是选择产出性的工作；是更适合劳动密集型的流水线工作还是知识密集型的创新性工作。程序员的雇佣者则要考虑，自己想要的是“听话”、只会加班和干重复工作的劳动力，还是愿意为企业和产品负责的员工；是想通过分工释放员工的生产力，还是通过科技创造更先进的生产力；在管理遇到问题时是否能找到最优的解决方案，尤其是在遇到不同团队间的沟通问题时。

19 绩效考核

很多企业只给个人打绩效分，很容易让当事人有被批斗的感觉，这个结果是不擅长管理的经理、HR 和不会独立思考的员工共同造成的。我们应该通过改善绩效考核的标准和方式来避免这种情况的发生和唤醒员工的自我意识。

绩效考核的局限性

制定目标和绩效考核不是为了考核人，而是为了提高组织和个人的业绩和效率。而且人是复杂的，难免有状态的波动，任何时候都不应该轻易否定一个人。

绩效分类似学生的考试成绩，只能反映一个人在某个时间点上对知识点的掌握或理解，而不能代表他的整体能力，更不能反映他的潜力。我们应该更全面、细致地看待一个人，而不是只盯着错误或者短处。很多公司还会考核价值观。虽然企业价值观的确非常重要，但是考核价值观容易滋生办公室政治，也可能扼杀不同的思想。

绩效评分的依据应该覆盖项目、产品、部门、代码和个人成长等方面。绩效考核旨在对组织或个人的效率和成长进行评估和激励，将其局限在个人考核上是一种短视的做法。针对个人的绩效考核也应该考虑其团队及组织做出的贡献。

OKR 与 KPI

在企业中，绩效考核是一种必要的管理工具，但绩效考核不能成为唯一的管理标准。绩效考核在本质上与以分数论英雄类似，容易走向忽略员工成长的“应试教育”。当分数成为唯一的评价标准时，被评价者会使用一些非常形式化的套路来应付考核或作弊，从而让能力评估沦为空谈。

近年来，一些大公司开始引入目标与关键成果（Objectives and Key Results，OKR）方法。OKR 是一种以目标为导向的管理方法，目标由员工自己提出，在全员范围内共享。但在实践过程中，许多公司实际上仍在使用关键绩效指标（Key Performance Indicator，KPI）。OKR 用一个关键成果指标来衡量目标实现的进展，而很多人习惯性地将其设置为 KPI。相比于 KPI，OKR 更加注重员工的发展和成长，可以帮助企业更好地实现目标管理、提升整体绩效表现。

在更加全面的 OKR 绩效考核体系中，如果目标是增强用户体验与提高服务质量，对应的关键成果举例如下。

- 为了实现更好的用户体验，我们将提供更加简便的操作流程，从而减少 20%以上的用户操作步骤。在新的系统中，用户可以更快速地满足需求，而且不需要执行复杂的操作。
- 我们正在投入更多的力量来提供更好的客户服务。强化客服团队可以减少 40%以上的工单，我们的目标是让客户能够快速获得服务，在使用服务过程中遇到问题也能快速得到解决。
- 我们的系统响应时间是服务质量的关键指标。我们承诺在 99.9%的情况下，系统操作的响应时间小于 100ms。因此，我们正在不断地升级服务器和系统，以提供更快速、可靠的服务。

然后，公司将这个目标分解给产品团队、用户体验团队和技术团队，形成子目标并与相应的父级关键成果关联。例如，产品团队定义的目标可以是：优化注册流程，减少两个步骤；优化红包算法，让用户更容易理解；提高商品质量，减少用户投诉。后端技术团队定义的目标可以是：定义 SLA 及相关监控指标；用自动化运维减少故障恢复时间；提高性能，将吞吐量控制在 1500QP/s 以下，将 99.9%的响应时间控制在 100ms 以内。

OKR 中的目标会从公司最高层一直分解到一线员工，目标信息完全透明，每个人都可以看到，因此每位员工都知道自己在为什么而奋斗，而且每个人也都可以质疑、改进或调整最高层的目标和方向。

KPI 的最大问题在于，员工只知道自己要做什么，却不知道为什么要这样做。松下公司早在 1932 年就召集 168 名员工并向他们公布了公司未来 250 年的远景规划目标。从 1956 年开始，该公司便开始定期宣布并解释其五年计划，以帮助员工将注意力从短期利益转移到树立自己的理想和目标上。然而，随着产品周期的不断缩短、竞争对手的持续涌入和高新技术的频繁迭代，如今企业的战略变化和调整变得更加频繁，经营策略朝令夕改成为常态。在这种情况下，相对于 OKR，KPI 的弊端更加凸显。

KPI 本身是一种被动的、后置的考核方式，即在工作完成之后考察员工的行为是否符合标准。因此，员工对公司的目标可能并不关心，因为 KPI 才是最大的利益所在。一些员工可能不仅不会思考 KPI 背后的目的，还会使用简单粗暴的方法来达成 KPI，从而对公司和自己造成伤害。

当然，基于 KPI 的绩效考核不一定会失败。对于劳动密集型公司来说，KPI 可能有其效果。然而，对于知识密集型公司来说，KPI 可能会毁掉一些团队的创新文化、挑战精神和对事业的热情。甚至有时候，KPI 会让员工失去正常的判断力。因此，采用 KPI 考核员工的企业更需要明确自身的长远规划和未来愿景，也需要确保员工了解企业的目标，让员工可以更好地适应变化并做出贡献。

绩效沟通解惑

良好的绩效沟通能够帮助员工对自己的工作表现和所取得的成就有更清晰的认识，以便每个人能更早确定发展方向和制定职业规划。但和表现不佳的人沟通绩效考评结果，又是管理者最不愿意做的事情之一。

我带领的团队发生过一件事情，令我至今记忆犹新。有一个女孩从别的团队转岗到我的团队，一段时间后我和她原团队的负责人一起找她沟通绩效。原负责人上来就说："你原来是做流程工具开发的，但是我们觉得你程序写得不好……"话没说完，女孩就跳起来反驳："我程序写得不好，你当时为什么不跟我说。你要说过我哪里做得不好，我会改正。你没说就说明我的绩效至少达标了……"这场绩效沟通最终不欢而散。

此后只要团队成员出现问题，我会立即给出反馈，将不足之处及相应的改进方案明确告知对方。例如，"这段代码的结构太松散了，写得不够好""你最近好像状态不是很好，老出差错""这样的低级错误为什么会发生？找找原因"。我也会给团队成员提供更多的培训和学习机会，有针对性地帮助他们成长。

虽然管理者不是监工，但绩效沟通一定要放在平常的工作中，避免"秋后算账"。如果员工能力实在有欠缺，要与其充分交流，给予足够的支持，或挖掘员工在其他方面的潜力。

要注意的是，在绩效反馈的过程中尽量不要指责团队成员，帮扶的姿态会让对方更容易接受。此外，善于共情可以避免激化矛盾。让团队成员感受到你的关注和重视是一种很好的正向鼓励，有利于员工乃至团队的进步和成长。

正确看待绩效

个人如何面对公司的绩效考核流程和自己的绩效考核结果呢？我们需要明确绩效考核的目的并理解其对个人和公司的重要性。绩效考核是一种评估员工工作表现的方法，它可以帮助公司了解员工的强项和不足，从而制订更好的培训、激励和晋升计划。对于个人来说，绩效考核是一种反馈机制，可以帮助我们了解自己的表现，并为我们提供改进的机会。

因此，我们需要更加全面地看待绩效考核，并将其视为个人发展的契机。比如，围绕绩效考核反映出的不足制订改进计划，主动向领导寻求指导和建议，听取同事分享的经验和技能。同时，要用平常心来面对公司给你打的绩效分数，因为那并不是对员工整个人或其整个人生的评价。但是，对待个人发展要足够严肃，因为那才决定着员工能否在职场上获得更多机会或取得成功。

评价一个人的绩效需要考虑其长期表现。WhatsApp 的联合创始人 Brian Acton 在 2009 年没通过脸书公司的面试，5 年后脸书公司斥资 190 亿美元收购了他创办的公司。每个人都有适合自己的环境。比如，很多成功的职业经理人初到创业公司都表现不佳，这并非能力问题，只是他们没有找到适合的环境。因此，与其关注别人的评价，还不如去寻找适合自己的环境，为个人未来的发展开辟更大的空间。

任何公司的绩效考核都受限于特定环境，因此，任何公司都无法全面评估一个人的专业技能、工作态度，以及与同事合作的能力。更有参考价值的绩效是员工的真正强大，这个目标需要通过学习新技能、提高专业水平、参加培训课程、与同事建立良好合作关系、积极参与团队合作及不断挑战自我来达成。

Team Geek 书中有一句话：“你必须去创造价值，而不是去证明你的价值。”这也是每个人在面对绩效考核时应秉持的态度。

我的"绩效"

大学四年我的"绩效"一直很好，即将离校前，为了让大学生涯更完整，我主动"挂"了一门课程，才有了第一次不及格。从 1998 年参加工作一直到 2013 年，我从未出现过绩效问题，经常被树立为团队中的标杆。但这并不是我追求的终极目标，我更相信自我成长的真实感受。因此，我开始做一些"疯狂"的事情，甚至冒着失去工作的风险。只要是能让自己拥有更多经验，能让自己的内心变得强大的事情，无论多么有挑战性，我都视之为正确的选择。这些事情也能让一个人更加清楚地认识自己并发现自己的无限潜力。

在 40 岁的时候，父亲病重，孩子上学出现问题，作为全家唯一收入来源的我辞去高薪工作，不加入任何公司，不动用分毫积蓄，不接受任何的投资和赞助，不做任何无技术含量的外包项目，仅通过为别人解决技术难题来养家糊口，并且聘请了 3 个年薪不菲的工程师。这一切所需的技术能力，是无法用绩效数字来证明和衡量的。

谷歌的新员工被称为 Noogler（New Googler），在他们向前辈请教如何提高工作效率时，得到的答案是："选择自己认为对谷歌乃至这个世界正确的事情。如果没人否定你做的事，那么你就做对了。如果被老板否定，那么错的是老板。"绩效分数、他人评价、KPI 或 OKR 都不是最重要的，能上一个台阶的就是赢家。做正确的事，用人生来考核绩效。

20 关于招聘

我曾经在 CSDN 上写过一篇《我是怎么招聘程序员的》的博客，该文章收到大量回复。最近，我在新公司参与的大量面试、酷壳网站上几篇趣味面试题下网友回复的面试体验、一位前同事分享的面试过程，以及网上的“面试豆瓣产品经理的经历”，让我有了更多的思考。于是，我把自己关于招聘的想法整理了出来。

分清四个考察方向

很多面试官似乎分不清楚操作技能、知识、经验和能力，最终得出错误的面试结论。

1. 操作技能

有些面试官认为操作技能就是知识或者经验，会问出“Java 中的 final 是什么意思”“如何查看进程的 CPU 利用率”“如何编写管道程序”“如何查看进程的程序路径”“VI 中的拷贝和粘贴命令是什么”“面向对象的模式有哪些”这类问题。对于这些问题，程序员可以借助操作手册或搜索引擎来获取相关信息。因此面试官能考查的是操作技能，而不是知识或经验。

2. 知识

知识是一个人认知背景和学习成果的体现，可能涵盖一些基础概念和实践常识，例如 TCP 和 UDP 的优缺点、链表和哈希表的优缺点、堆和栈的概念、进程间如何通信、进程和线程的优缺点、同步通信和异步通信的优缺点、各种面向对象设计模式的主要原则，等等。“知其然”只是操作技能，“知其所以然”才是真正的知识。知识不足并不代表候选人不能胜任工作，只要掌握操作技能就可以应付工作，但是缺乏知识一定会限制个人经验和能力的提升，同样也会影响软件质量。

3. 经验

经验通常和经历有关，也会影响一个人的知识结构和范围。面试中与经验相关的问题有：你解决过的最难的问题是什么？你是怎么设计这个系统的？你是怎么调试和测试编写的程序的？你是怎么做性能调优的？什么样的代码是好的代码？等等。对于工作年限不长的人来说，经历过的事的确会成为他们个人经验的主要来源，尤其有助于积累需要行业背景的业务经验。但除此之外，经验还能体现出一个人对知识的运用和驾驭，对做过的事情的反思和总结，以及学习观察他人、与人交流的能力。

4. 能力

能力是一个人做事情的态度、想法、思路、行为、方法和风格的综合表现，与知识和经验没有正相关的关系。只要具备足够的能力，比如学习能力、专研能力、分析能力、沟通能力、组织能力、问题调查能力、合作能力等，拥有知识和经验就仅是一个时间问题。一个新手或许欠缺知识和经验，但这并不代表他的能力有问题；而一个老手存在知识和经验欠缺的问题，则可以说明其能力不足。一个人不可能长期怀才不遇，总是发挥不出能力，通常就是因为没有能力，而不是因为“没有经历过”。

对于一个优秀的程序员来说，操作技能、知识、经验和能力这四方面都很重要。而且，它们是相辅相成的。能力可以让一个人获得知识，知识可以让一个人更有经验，经验又会通过改变一个人的想法和思路来提高个人能力。面试官需要清楚地认识到，应聘者的操作技能、知识和经验只是证明其能否胜任的必要条件，而不是充分条件。我们更应该关注应聘者的能力。

只考查操作技能的面试是完全失败的。只考查知识和经验也仅成功了一半，因为我们了解到的信息尚不足以证明面试者的真正能力。如果能够在了解知识和经验的过程中重点关注其做事的态度、想法、思路、行为、方法和风格，并能正确地评估这些能力，面试就是成功的。

也许这四个考查方向不足以覆盖所有方面，但面试的核心在于考查应聘者的能力。但考查能力不代表要通过出题来难倒应聘者，而是要找到应聘者的亮点和长处。

讨厌的算法题和智力题

在面试过程中，很多公司会出一些算法题、智力题或设计题。有些程序员对此感到厌烦，认为这些问题在实际工作中并没有用处。我个人认为，问刁钻的算法题并没有错，错的是很多面试官对题目的理解过于肤浅。

这些面试官认为，能够解答算法和智力难题的应聘者就是聪明且有能力的人。实际上，能够解决难题并不意味着有能力或能够在工作中解决问题。比如，奥数能手的实际工作能力不一定优于常人，应试教育不无可能培养出高分低能的人。

因此，解决难题的过程更为重要。面试官应该重点观察应聘者的解题过程，从中捕捉应聘者的思路、方法和运用到的知识、经验，还要观察他们与面试官的沟通是否顺畅等。可以基于如下一些目的出算法难题。

- 考察对方对知识的应用和理解。例如，是否能够使用一些基础的数据结构和算法来解题。
- 考察对方的完整解题思路和想法。答案是次要的，想法和思维方式才是主要的。
- 看看对方如何沟通。把面试者当作未来的同事和工作伙伴，一边讨论一边解决问题。

在基于上述目的的考察过程中，面试官要注意观察应聘者对此做出何种反应。

- 应聘者在解算法题时是否会分解或者简化问题。这能体现分析能力。
- 应聘者在解算法题时是否会使用一些基础知识，如数据结构和基础算法。这能体现他们对基础知识的掌握。
- 应聘者在与面试官讨论的过程中，能否让面试官感受到个人的专研精神和良好的沟通能力。
- 应聘者的心态和态度，如是否有畏难情绪。
- 应聘者的解题思路和方法是否合理和先进。

出算法或智力题的初衷同样是考查能力，而不是刁难或立威，切忌给应聘者留下傲慢的印象。

实战模拟

面试官应该多回顾自己的工作和成长经历，这对面试很有帮助。比如，在工作中如何解决问题，编写代码时会遇到哪些困难，当初是如何获得某种知识和能力的，喜欢和什么样的人一起工作，等等。

但面试场景毕竟和工作场景完全不同，如何跨越场景差异来评估一个人的能力呢？最理想的方式是共同工作一段时间。如果招聘过程不允许，面试官要尽可能模拟平时工作的过程。比如，一起讨论并解决一个难题，共同回顾应聘者的经历，双方对同一项技术进行点评。对于软件开发，面试官可以模拟下面这些有可能发生在现实工作场景中的挑战。

- 软件的维护成本远远大于软件的开发成本。
- 软件质量变得越来越重要，测试工作因而也变得越来越重要。
- 需求总是在变，而且是被逐步加进来的。这导致大量代码都在处理一些错误的或不正常的流程。

面试官可以让应聘者模拟应对这些挑战的过程。例如，面试官让应聘者实现一个 atoi() 函数，然后不断加入新的需求或用例——处理符号、非数字字母、带空格的情况、十六进制、二进制、逗号等。面试官要观察应聘者如何修改代码、编写测试用例和重构。随着要满足的需求越来越多，代码是否仍然能保持清晰且易于阅读。如果想在一小时内考查编码能力，问这个问题就足够了。因为真正的程序员每天都在类似的场景中摸爬滚打。

如果要考查应聘者的设计能力，可以如法炮制——不断增加新的功能和需求，了解应聘者的想法和分析方法，观察应聘者是否能够准确表达思路，思维是否清晰，用到哪些知识储备，对设计系统有哪些经验，面对不断修改和越来越复杂的需求能否保证设计依然出色。

当然，面试时间有限，不能模拟过于复杂的挑战，需要精心设计一些在实践中代表性强的挑战。

把应聘者当成同事

很多问题并没有标准答案，或者说同一个答案可以有多种表述，不能因为没有听到自己想要的答案就认定应聘者能力有问题。例如，应聘者在回答什么是异步的问题时，举了一个异步调用的例子："不能在请求处理完之前就返回结果，需要传递一个回调函数给调用方，以便在请求处理完后通过回调函数来通知结果。"这样的回答并没有错，但可能不符合面试官的预设要求，被视为不合格。

很多面试官都曾这样苛待过面试者，但几乎不会用同样的标准对待同事。为了让面试与工作场景更接近，面试官可以问自己6个问题。

- 在工作中遇到难题时你自己是如何解决的？是否需要与他人讨论？15分钟是否能找到最佳解决方案？
- 在工作中解决难题时，是否有人在旁边质问并给你压力？
- 同事是否曾向你施加压力？当时你感到紧张吗？在紧张的情况下你能保证良好的发挥吗？
- 当同事的答案不符合你的预期时，你是否会质疑他们的能力？
- 你是在压力和质疑下成长起来的吗？
- 让应聘者做各种各样的算法题，像不像应试教育？

通过上述问题回顾一下自己的日常工作、成长历程，以及与同事相处的时光，尽量在今后的面试中像对待同事那样对待应聘者。

把应聘者当成自己未来的同事，会有立竿见影的收获。

- 面试气氛融洽，应聘者放松自然，更容易保持真实状态。
- 有效互动而不是一问一答，可以更全面地考查和了解一个人。
- 摆脱应试模式，可以了解更多面试者真实能力的信息。
- 真实地了解一个人，才可能得出正确的结论。

向应聘者学习

面试的过程是相互学习的过程，而不是面试官对应聘者居高临下的审视或挑刺儿。一问一答会导致单方面的输出，形式上也显得死板；好的面试应该是一个始终在相互讨论、良性互动的过程。

面试官要全程不忘初心——挖掘应聘者的优势。否则，面试有可能临时滑向面试官证明自己有多专业或多聪明的错误轨道。为了让应聘者的能力和潜力得到充分展示，面试官在提问时也不应该预设标准答案。面对开放性题目，应聘者经常会带来全新的视角和思路。

从应聘者身上学到东西，让应聘者喜欢和你一起工作，才是面试的真正目的。“你喜欢参加竞技类运动吗”是一个好话题，“你倾向于和什么样的人一起玩，是新手还是专业选手”这类问题既可以让应聘者放松下来，也可以让面试官从中推出有效结论。

世界因不同而美好。如果所有人都有相似的观念、主张和倾向，那么团队会变得封闭。愿意接纳不同想法的团队才能不断进步。所以，不能总是招募与自己相似的人，以免将创新拒之门外。

不要排斥比自己更优秀的人。如果招募到的人总是不如已有的员工，那么一家公司将丧失推动组织和个体进步的动力。

如果无法从应聘者身上学到东西，那么面试官也不妨向他们传递一些有价值的信息。这样，即使没有被录用，应聘者也会因有所收获而心存感激，这种做法也会将团队和品牌的正面形象传播出去。反过来，如果应聘者只是对外散布不满和差评，那可能会有损面试官乃至公司的形象。

面向综合素质的面试

如果面试主要考量程序员的综合素质，可以观察应聘者是否会做需求分析，如何理解问题，解决问题的思路、想法怎么样，是否能够灵活运用基本的算法和数据结构。对于编程能力，应该重点考查以下方面。

- 设计是否满足需求并能够应对可能出现的需求变化。
- 程序是否易于阅读和维护。

- 重构代码的能力如何。
- 能否测试编写的程序。

为了面向实践考查应聘者的综合素质，我越来越倾向于问应聘者一些具有业务意义的问题，比如要求应聘者设计实现：解析加减乘除表达式、编写洗牌程序、制作口令生成器、通过 IP 地址查找位置、中英词典双向检索等，再通过增加或变更需求来了解程序员重构代码的能力，最后还要让应聘者设计测试用例。

实习生招聘

招聘实习生，既可应付公司一时的人力短缺，也可以提前为公司物色和储备优秀候选人，对于公司而言具有多重意义。在校生要想通过实习进入心仪的公司，需要提前做好以下准备。

1. 思考、总结所学知识

知道得再多，如果在获取知识时没有思考其含义，也难以将知识内化为自己的能力。比如，为什么会有这么多经典的数据结构，数组、链表、树、哈希表和图这些数据结构主要用于解决什么样的问题，各自的优势和劣势是什么？如果学生只是死读书而没有思考过这些问题，就很难真正理解它们，也无法应对现实工作中多变的问题。

2. 多多实践而不是只做研究

计算机科学这个专业只是听起来有些理论化色彩，事实上实践性很强，非常依赖工程实践。需要多动手去尝试和验证，编程不可能只是在实验室做做理论研究就能掌握。因此，学生在校期间就要多写代码实现功能，多把握和创造接触项目的机会，比如参与导师承接的项目或自己启动开源项目。

3. 认识写程序的价值

只是会写程序或做过项目还远远不够。一直按部就班地写代码，只会把自己培养成一个码农。不要把自己定位成码农，一定要不断反思和总结自己的代码和设计，追求精益求精。这就像写作一样，每个人都会，但并不是每个人都能写得好。编程和写作都是创作，但高质量的创作才有价值。

4. 不要拿教育当借口

别人给什么就学什么的被动式学习，往往是个人的选择，不能简单将被动式学习归咎于教育环境。虽然学校可能没有教授版本控制、编码风格、重构、代码审查、单元测试的知识，也没有设置经典设计模式和架构等课程。但是，我们身边有很多优秀的人，网上有很多优秀的文章，书店里也有很多有价值的书，学生可以找到多种自学的方式。而且软件开发流程日趋成熟，再学不好就只能从自己身上找问题。

实习生招聘其实是毕业生招聘的一个组成部分。我们的毕业生数量多但质量良莠不齐，公司很难在校园招聘期间招到比较优秀的毕业生，这让很多公司对校园招聘信心不足。因此，通过提供实习机会来接触并了解优秀毕业生，成为很多公司招聘毕业生的重要手段。所以，在校生千万不要从字面上理解实习计划。实习和正式的招聘没有区别，同样是一个能力考查和甄选候选人的过程。

面试题解析

以下是我对一些常见面试题的简单剖析。

- “火柴棍式”面试题：主要考查面试者对代码逻辑的了解程度。应聘者在准备面试时不要直接看答案，尽量独立想出两种以上的方案，可以在纸上画图，也可以编译一个可运行的程序。应聘者须对自己的答案进行测试，确保其足够严谨、准确再提交。如果审题有困难，则意味着应聘者在理解用户需求及沟通上可能存在薄弱环节。

- “火车运煤”面试题：主要考查应聘者的解题思路和表达能力。能用数学解题的人具备较强的算法应用能力。能自行想到火车可以掉头这个思路说明应聘者思维灵活，想不到的人也不用太担心，在面试中一般会有所提示。如果看到更好的方法，要和自己的方法进行比较以找出差距。有些面试者能提供正确答案，但表述得很晦涩，需要提高这方面的能力。
- 产品经理面试题：不要为开放性问题预设答案并将其作为考查面试者能力的标准，更好的题目可能是“比较一下微博和Twitter 这两个产品”；当多种答案产生交锋时面试官不要在对错上纠缠；面试官必须让应聘者明确知道自己想了解什么，以免得到模棱两可的回答；可以针对场景做出假设，但不要针对应聘者的能力做出假设；不要谈论太虚无的话题。

面试成功与否很大程序上取决于面试官，而不取决于应聘者。面试官应该用微笑来鼓励应聘者，不要频繁打断对方；要能接受不同观点，不要有明显的偏好和倾向。为了不错过具备足够实力的优秀人才，面试官必须反复提醒自己：应聘者只有在坦诚、自然的状态下才能暴露真实的一面；重要的不是知识，而是获取知识的能力；要关注的不是问题的答案，而是解题的思路和方法。

21
工程师文化

如果一家公司不再发布招聘广告或者找猎头挖人，而是依托于对工程师的吸引力来聚集人才，那么这家公司具备了孕育工程师文化的土壤。

为什么要倡导工程师文化

计算机和互联网已经渗透到社会的每一个角落，各种 IT 技术成为世界发展的强大引擎，业务和产品创新都越来越依赖技术的快速演进。技术主导着解放生产力、提高社会运作效率的进程，技术创新一次又一次改变了人们的生活与生产。工程师，是这一切的直接缔造者。工程师文化，对于工程师而言，就是以正确的方式工作；而对于工程师以外的人而言，就是跟随工程师以正确的方式工作。

如下三类世界上现存的主流商业公司，都离不开技术的支撑，因而与工程师息息相关。

- 运营或销售驱动型公司：在这类公司中，技术更多用于支持大规模的营销活动或控制销售成本。正因为技术创新不是核心竞争力，这类公司难以构建竞争壁垒，长期缺乏安全感。
- 产品驱动型公司：这类公司通过创造产品来提升用户体验并获得成功。除了需要用技术支持大规模的在线用户，这类公司还热衷于改善用户体验或提高业务流程效率的创新技术。由于缺少自主核心技术，这类公司很容易被模仿和抄袭。

- 技术驱动型公司：这类公司擅长使用工程技术来颠覆传统，倾向于使用自动化技术取代人工操作，比如让人工智能辅助决策。这类公司只要能做到产品不超前于用户需求，往往可以取得成功。

这三类公司过往都有不少成功范例。但随着时代发展，技术的影响权重在这三类公司中都有不同程度的增长，技术人员也越来越成为公司发展的重要倚仗。既然经济与社会发展需要工程技术人员的重度参与，科研领域的理论创新也需要通过先进的工程技术转化为应用成果，那么以工程师的评判标准和思维模式来主导资源配置与流程制定，明显是更为合理的选择。在 IT 或互联网公司，这样的倾向被表述为工程师文化。

工程师文化的特征

创新有两个前提，一是在自由的环境下，二是对提高效率产生极致追求。纵观人类发展史，几乎所有创新都可以被这样描述：人们自由地跳出解决特定问题的固有思维模式，通过替代性的思维模式，实现了效率的本质提升。比如，通信、交通、医疗、教育和生活服务等方面的变革，几乎都是在创造性地优化效率。精神自由和效率正是工程师文化的核心特征。

1. 精神自由

工程师由于具备创造性技能，通常都有创新的冲动，而创新根植于精神上的解放，只有精神自由，各种奇思妙想才会涌现。常人认为的“疯狂”的想法，往往可以孕育出创新。精神自由有如下具体表现。

- 自我驱动：自我管理是最有效的管理，有兴趣才有持续的动力。

- 灵活的工作时间和地点：工程师从事的不是体力劳动，而能自由安排工作时间和地点，可以使工程师的脑力劳动更加有效。远程办公是一种灵活的工作方式，被开源社区广泛采纳。
- 信息平等：需要平等共享的可以是公司战略方向、目标和财务状况等大事，但对文档、代码及知识的共享之类的小事也不容忽视。意见表达也需要平等。任何人都应该有发表意见和建议的机会，而不是看到问题不敢说出来，这样才能激发个人的思辨能力，从而产生更好的想法。谷歌有“Thanks God, It's Friday.”文化，高管每周五会来到员工身边，任由员工提出各种尖锐的问题。在亚马逊，代码和文档基本上对全员开放，财务报表也对员工开放。能力出众的首席工程师会定期举办“Principle Talk”，其中很多演讲相当有启发性。亚马逊还有一种叫作“沿河而上”（Up the River）的内部文化，每年一批最聪明、最有想法的员工会被选出来，共同商讨公司的下一步战略，并将产生的相应 KPI 直接分配给高级副总裁。
- 不害怕错误：面对错误的正确做法是分析问题并总结教训，而不是惩罚犯错的人。前者鼓励进步，后者则会让人从此不敢冒险。
- 宽松的审批：审批带来的是对人的不信任、烦琐的流程和思维上的束缚，而这遏制了员工的创新思维和想象力。监管和审批的流程越不宽松，公司的活力程度越低。
- 20%的自由时间：员工可以用 20%的自由时间做自己想做的项目，这是谷歌提出的。Gmail 就是一个成功案例。

2. 效率

有人认为花大量时间开发自动化工具还不如手工操作高效。比如，编写自动化脚本花费 5 小时，而重复 200 次手工操作只需要 3 小时。其实，这些人根本不了解工程师的哲学。

自动化工具可以被共享和重用，让更多的人从中受益。花费 5 小时开发的自动化工具，只需再花费 1 小时做更改，就可以用于其他场景。投资未来就不能仅关注眼前成本。更重要的是，提高效率的文化能带来示范效应。如果将程序员花费大量时间开发自动化工具视为没有效率，从而批评甚至惩罚程序员，就是在扼杀这种文化。

在软件工程领域提升效率有如下发力方向。

- 简化：简单意味着更容易被用户理解，也更易于维护和运维。简化就是阿里巴巴推行的“小而美”，乔布斯推崇的“没有产品手册的简单易用产品”，以及亚马逊在逆向工作流程中提到的“对于一个新的产品或功能，产品经理只需写媒体公关文、用户手册、常见问题三个文档，文档不许超过两页 A4 纸且不准用任何图片”。
- 坚决推行自动化：编写程序的最根本目的就是用自动化消除重复劳动。而且，很多事情本身更适合由机器来完成。例如，程序 1 秒就可以完成很多任务，而以人类的速度永远不可能企及；在电商行业中，自动化程序可以管理海量订单，而人再多也无法像机器那样既好又快地完成任务。实现自动化需要大力开发用于持续集成、持续部署、自动化运维的工具。
- 以高效决策为原则：具体措施包括采用扁平化管理、用自动化工具取代支撑工作、采用不超过十人的全栈小团队、不按技能而是按负责的产品或功能进行人员分工、用开会来表决提案、通过产品的目标或信条来减少沟通和决策的过程。对于最后一条，亚马逊的每个部门、团队或产品项目都有自己的工作原则，用来避免相互推诿和让团队陷入难以抉择的境地。例如，对于亚马逊的云服务，运维的优先级最高原则意味着，只要是会让运维变得复杂的需求都可能会被工程团队拒绝；吞吐量和延时指标不能变差原则意味着，功能要为性能让路，因为性能变差用户就需要购买更多资源。

- 正确地对组件进行抽象：抽象是简化的一部分，意味着重用性、通用性和可扩展性。更重要的是，抽象被视为团队技术能力的输出。例如，谷歌有 MapReduce、BigTable 和 ProtoBuffer，脸书有 Thrift，亚马逊有内部的 WebService 框架 Coral Service、处理日志监控的 Timber，以及 AWS 全线产品都会用到的分布式锁框架 Amazon Lock Framework 等。
- 开发高质量的代码：高质量的代码不仅易于修改和维护，还可以减少程序员处理线上故障的时间，让团队可以做更多面向未来的创造性工作。这意味着团队需要有非常严谨的设计评审、代码评审及测试。
- 不断提高标准并招聘最好的人：一个公司或团队想变得越来越强大，就必须不断提高工作的质量标准，这要求团队要持续地培养和招聘更优秀的人。在亚马逊和谷歌都有叫“抬杆者”（Bar Rasier）的招聘官，该岗位专为提高招聘标准而设。
- 创建持续改善的文化：组织想借助不断反思来前进，少不了全体员工的参与。在微观层面上，团队需要在项目完成后召开总结会，分析项目得失。当故障出现时，团队需要召开故障分析会积累经验。在亚马逊，团队需要在严重故障出现时编写纠正错误（Corection of Error，COE）文档，其中有一个“提问五次为什么”的部分，指出工程师需要问自己 5 个问题。在宏观层面上，公司每年都应该进行工作数据分析或员工调查。比如，是否招聘到有潜力的人，工作的投入产出比如何，员工把时间主要用在哪些地方等，如果发现问题，公司要通过技术手段加以解决。亚马逊每年的工程师调查表非常细致，不仅涉及公司、经理、文化，还包括日常工作、开发环境、持续集成、测试自动化、产品质量、软件架构、软件维护、线上问题处理、年度计划、数据仓库建设、通用工具投票等。这个调查表直接决定公司的工程投资方向。

工程师文化如何落地

在公司内部推行任何文化都有两种方式可以选择。

一种是在招聘、绩效考核和升职三方面下功夫。如果想要推行简化和自动化的工程师文化，就需要招募有相应经验的人，并在绩效考核和升职要求上设置硬性指标。如果没有完成指标，工程师不仅不能升职，绩效考核也不能达标。

另一种是采用经济手段，让不做某件事的成本高于做的成本，这样更多人就会做出成本更低的选择。如果想要推广设计审查、代码审查和单元测试，公司可以要求开发团队自行测试并对运维负责，质量团队和运维团队只为开发人员提供工具。一旦开发人员需要反复手动测试并频繁处理线上故障，就会发现不进行代码审查和单元测试的成本要高很多，这样他们自然会选择成本较低的方案。

工程师文化落地有两个前提条件。

- 团队要小：中国讲主人翁意识，西方人常说“吃自己的狗粮”（Eat Your Own Dog Food）。如果团队太大，个体很难体会切肤之痛，也就没有进步的动力。
- 热爱学习：工程师学习并验证新的技术可以开阔眼界，引入并尝试新的思维方式能避免在原地打转。
- 管理者要更相信技术：要对用技术解决问题这一思维充满信心，而不是依赖制度、流程和价值观。

工程师文化在不同时代有不同的含义，我们需要与时俱进。不过，其精神内核是不变的，那就是用技术思维指导工作，让工程师受到足够的尊重，由他们带领公司走向卓越。

22 远程工作

我创办的 MegaEase，员工数量从 8 人发展到 20 人，一直都采用远程办公。这是受《重来》这本书推崇的极客文化所影响。作者所在的 37signal 公司只有 16 人，却分布在全球的 8 个城市工作。MegaEase 偶尔使用共享办公室，大部分时间都远程工作。MegaEase 的工程师远程支持了罗振宇的跨年演讲，帮助银行、电信、互联网等行业的多家公司完成系统架构的改造升级及分布式技术架构的应用。虽然 Github 上有一个长长的支持远程工作的公司列表，但质疑远程工作的声音一直不绝于耳。对此我能够理解，因为针对这一办公方式的团队管理确实是一门学问。

宏观管理

公司管理中有一些问题普遍存在于任何一家公司，只是远程办公让其中一些问题更加突出。对此，我们要在公司的宏观管理上有所应对。

1. 努力找到合适的人

创业团队的头等大事是找对人。远程团队需要的人一般具备以下特质。

- 能独当一面：交给他的事能独立完成，没有路能自己找路，这可以节省很多管理成本。

- 沟通能力强：能把模糊的事说清楚，能有效率地说服他人，这可以节省大量时间。
- 能自我管理和自我驱动：员工对自己负责的事情要有认同感，否则会增加大量的管理和培训成本。

这样的人可以增加团队执行力，因此，任何一家公司都渴求这样的人才，只是对于远程团队而言，具备以上特质的人更加不可或缺。没有这样的人，公司就需要招聘负责管理和驱动员工的经理；写代码的程序员不够优秀公司就只能招聘测试人员；如果工程师无法很好地沟通公司就必须招聘项目经理。优秀的人如果长期给其他人当教练，往往会精疲力尽。因此，与其花时间培训不合适的人，不如把精力用在招聘上。这也是为什么亚马逊的贝索斯会说“我宁愿面对面试五十个人都招不到一个人的结果，也不愿意降低面试标准”。

2. 设定共同的目标和使命

远程团队无法面对面交流，团队成员间自然缺乏沟通。因此，需要确保所有人形成默契，对要做的事情有统一的标准和认识：要做什么，不要什么；如何取舍和权衡。团队若没有共同的目标和使命，就会产生误解和冲突，即使在一起办公效率也不高。此外，如果业务快速发展，公司领导者有可能需要不断调整团队的目标和使命。

3. 倾向使用小团队

由于沟通成本较高，远程工作更适合小规模的团队。《人月神话》一书指出，只有小团队才能驾驭复杂的系统。亚马逊基于 Two Pizza Team（团队维持在两张比萨就能喂饱的规模）原则，把整个系统拆分成微服务，公司整体效率得到巨大提升。小团队更利于并行开发，更能专注于一个功能点、解决复杂问题、轻松驾驭运维，以及实现规模化生产。

小团队和大团队的关注点完全不同。团队人数多，公司就需要找到足够多的事情，让每个人都忙起来。而如果人不够，公司则必须考虑什么事更重要或可以自动化，以及怎么做更有效率。远程工作适合小团队的原因还在于，这种知识密集型团队倾向于电影工作组的管理模式——每个人都是某部分工作的负责人，团队规模大反而会影响决策效率。

微观管理

远程工作固然有弊端，会给管理带来很多具体的挑战，这就需要团队在微观层面制定相应的原则和机制。

- 文档驱动。集中式办公的条件下，大家可以在白板前讨论问题，而远程办公则需要讨论发起人编写一个文档，通常使用 Github 的事务卡片（Issue）、拉取请求（Pull Request）或云文档。编写文档除了可以提供讨论的问题，还可以给后续开发者提供可追溯的信息。更重要的是，编写文档本身就是一个深思熟虑的过程。讨论发起人把想法写下来会让自己的思考更加深入。因此，文档驱动是远程团队的重要能力。
- 自动化和简化。在远程办公的条件下，代码在被提交后，从单元测试、功能测试、性能测试，一直到使用 K8s 进行自动化部署，上线的整个过程都是自动执行的。我所在的团队使用亚马逊的单分支代码管理方法，一旦代码被合并到主分支就会直接上线。可以说，自动化工具直接决定了远程团队的整体效率。
- 主人翁文化。很多人在工作中比较友好，不太好意思对别人发号施令。因此，每件事情都要有一个负责人。他有权对事情做出定义，当然也要承担对应的责任，而其他人则有义务配合他的工作安排。
- 议案文化。方案需要文档化才能促成有效沟通。在发起讨论或评审前，发起人要把背景、目标、可选方案、参考资料、数据及优缺点分析清晰地写入文档。很多人认为开会只需要一个议题，其实有效率的讨论需要的是议案，尤其是高质量的议案。

- 目标承诺。我们需要每个人承诺自己可完成的工作目标，这个目标完全由每个人自己制定，一般来说最好能在 1～2 周内完成设定的目标。
- 自我管理。我们的团队是没有审批制度的，无论是休假、报销还是出差，完全由个人自由安排，公司仅在一些需要整个团队全力以赴的关键时期不建议员工休长假，前提是个人需要将自己的安排告知团队。一旦公司发现有人撒谎和作弊，会直接将其开除，因为这条规则的初衷只是为了让好人更加自由。
- 闲聊和自行见面。见面交流对促进感情非常重要。因此，我们鼓励远程团队的成员私下见面互相分享经历，甚至漫无目的地闲聊。同时，我们也支持员工前往其他城市会见和自己一起工作的同事，公司会报销差旅费。
- 知识分享会。我们每周都会举办知识分享会，但要求每次只用半小时讲一个小知识点。团队中还会有人主动使用云表单来收集分享会的反馈信息。
- 就地奖励文化。团队默认不设置年终奖，而是用就地奖励代替。每项业务的利润的 70%归公司所有，剩下的 30%会立即在团队内部分配。这样每个成员都会想方设法增加营收，不仅更愿意把精力用在能够让用户付费的业务上，也有动力深入地了解业务，以及探究用户为什么要付费。当然，如果公司没有盈利，但员工表现良好，我们仍会给予他们年终奖。因为不挣钱的主要责任在公司负责人，而挣钱的主要功劳则理应归团队所有人。
- 外包支持性的工作。一些支持性的工作，如人力资源管理、行政保障、薪资发放、财务支持、员工持股落实、测试、定制化开发等，我们尽可能地使用外包。这样可以让团队更小、更高效，也更易于远程协作。

- 异步编程。一个从零开始的新项目，对于远程团队来说可能会很棘手。由一个人组织好代码框架和结构之后，其他人再加入项目，这种异步编程的模式效率会更高。异步编程也可以用于不见面的结对编程，或多人共同完成一个拉取请求（Pull Request）—— Github 这样的协作工具使程序员的远程编程工作变得更加方便了。

远程工作离不开各种工具。我们使用 AWS 的开发环境，希望团队被亚马逊公司的技术文化所影响。在工作协同上，我们公司所有与软件开发相关的工作都会在 Github 上推进，如我们重度使用 Github 的 Pull Request 和 Issue。当然，我们也会使用 Github Project 中的看板和 Wiki。同时，我们采用云平台协同工具云文档来创建和管理团队的各种文档。我们主要使用 Zoom 进行语音沟通，因为它不仅支持几十人在线，还可以实现云录制。如果需要小范围交流，微信语音就够用了。对于持续的工作沟通，Slack 是我们的首选。作为一个信息集散地，它支持分频道和分线讨论，而微信则不支持。总之，我们倾向于使用最先进的工具，以便团队中每个人的品位都能潜移默化地被这些优秀的工具所影响。

远程工作协议

下面是 MegaEase 完整的远程工作协议，需要团队中的每个远程工作者同意并遵守，其中有亚马逊领导力原则的影子。

1. 原则

- 主人翁精神和领导力：每个人都是公司的主人和领导者。如果发现团队或项目有问题，不要等待，也不要忍耐，请立即说出来并提出相应的解决方案，比如及时召集相关人员开会并做出调整。

- 自发性：每个人都必须是主动的，需要自己提出或认领要做的事情。在没有任务时要主动发现问题并寻找可以改进的地方，因为创新就源于在没有路的地方自己开路。
- 目标导向：每个人都是产品经理，也是项目经理，必须将自己的工作与公司的大目标联系起来，知道什么是重点。于公司而言，用户视角和产品视角都是重点。这意味着我们要随时观察整个产品的样子，而不能只关注自己参与的那一部分。
- 坚持高标准：我们要坚持用高标准来要求自己，对于高标准的目标不妥协，但在实施路径和策略上可以做出妥协。

2. 实践

- 保持在线：工作时必须保持在线。若需要离线请提前预告离线时长。如有请假需求，请提前一天在 Slack *#random*频道中提出。若为紧急情况，请及时在*random*频道中告知大家。
- 文档驱动：面对面交谈、电话、微信、Slack 等沟通方式或渠道虽然可以实时反馈大家的想法，但只有文档能将重要信息结构化，而且编写文档会让员工审视自己的想法。因此，对于重要的功能、流程、业务逻辑、设计、问题及想法，员工最好以文档的形式记录下来。
- 设计评审：对于重要的问题或工作，需要先把自己的想法分享出来，让大家共同评审，而不是直接去实现。
- 简化和自动化：简化和自动化是软件工程所追求的两大目标。实现自动化可以让远程团队更高效地协作，是公司规模化的前提。因此，员工应该随时思考如何简化和自动化所有的事情。
- 反思与重构：无论是代码还是工作，都需要经历反思和重构的过程。反思是进步的源泉。在项目结束或遇到问题时，公司应该立即召集团队进行总结，沉淀好的经验并优化不好的内容，但是任何优化措施都必须是可执行的。

- 里程碑计划：对于一个项目，每个人都需要有自己的里程碑计划，并承诺将其完成。计划要在两周内完成，一周内完成更好。
- 证据驱动：任何讨论和分析都应该基于权威的证据、数据或引用。对于争论，最好的说服方式就是拿出证据——“我的设计参考了 TCP 中的这条设计”“我的观点基于这款开源软件的实现”。如果争论不休就先停下来，大家分头去调查和收集证据。
- 演示日：开发人员拿着自己的成果，向团队做一次实时演示。这样有助于开发人员从产品角度思考自己的工作。除了演示产品功能，还可以演示算法和设计，甚至代码。
- 有效会议：会议的主要目的是提出议案、发现问题、达成共识。因此，会议不仅需要议题，还需要议案；会议期间不应只是发现问题，更应该跟踪问题并尝试解决；会议结束时必须产生共识和结论，否则问题的负责人必须继续跟进；对于周会或临时会议，会议组织者需要提前准备项目进度计划表，编写设计文档、相关问题及解决方案文档、事项说明文档，以及便于领导决策的完整事件说明文档和利弊分析文档；项目负责人要准备项目计划、配合设计文档的审查；会议相关事项和信息可以写在云文档中，也可以加入团队问题列表；各团队负责人可以提出所在团队的相关议题，或要求其他团队提供更多信息。
- “1-2-3”问题升级原则：遇到问题时，若自己处理 1 小时后仍没有思路，请与他人进行小范围讨论。如果与他人讨论 2 小时内没有取得结果，请将问题升级到团队层面。如果团队内讨论 3 小时仍没有解决问题，则需要借助外部力量。
- 3Ps 式更新：每个人在更新进度时，不要只是简单地签入

（Check-in），而要说明工作内容。在工作告一段落时，请简单地总结 3Ps——计划（Plan）、优先级（Priority）、问题（Problem）。

- 不同意与承诺：团队成员都有自己的开发风格，因此团队可能对某个问题产生争议。对此，我们鼓励争议，但是要求团队在做出决定之前将其解决。一旦团队做出决定，成员就必须支持这个决定，并且为目标做出贡献。对于做出决定之前的讨论，我们建议负责人推动重大讨论并尽快形成结论；决策过程应该被记录下来，并在相关项目的 Github Issue 或 Pull Request 中更新，以便整个团队都知道决策细节；要坚持用高标准说服用户，其中第一标准是工业标准，第二标准是国外大公司的标准（如谷歌、脸书、GitHub、AWS 等），第三标准是国内标准；程序一旦发布并被用户使用，就很难再做修改，因此我们要求负责人谨慎而果断地进行决策。

远程工作意味着公司要找到有自驱力的优秀人才，以及能守护公司共同目标且精干高能的团队。当需要沟通和协作时，我们应该使用更为科学和有效的手段来提高工作效率并减少组织内耗。但远程工作只是一种手段，其真正的目的在于提升企业的管理水平。远程工作最大的好处在于，它会倒逼管理者直面管理的本质，进而评估团队管理模型是否最优。

附录 A
工匠精神

很多人曾都看过 Smartisan T1 手机发布会的视频。发布会接近尾声时，罗永浩凝视着自己的工匠自画像，半晌没说话。随后他转过身，慢慢离开了舞台，屏幕下方只留下一句话：

我不是为了输赢，我就是认真。

这个场景让我想起 1993 年“狮城舌战”的主角蒋昌建，在“人性本善还是人性本恶”辩题的总结陈词环节，他引用顾城的名句“黑夜给了我黑色的眼睛，我却用它寻找光明”，把整个辩论赛的氛围推向高潮。

老罗的那句话，以及他对 Smartisan T1 这部手机的用心程度和对工匠精神的追求，同样有震人心魄的力量。老罗对工匠精神的追求代表他对工匠技艺的尊重和认可，也是对手艺人的敬意和赞美。

我对工匠情怀也有两点体会。

- 优秀程序员的价值不在于掌握“屠龙术”，而在于能在“细节中见真章”。
- 如果能一次性做好一件事情，并在允许的范围内尽可能追求卓越，为什么不去做呢？

小时候我总是被修表匠握着小螺丝刀工作的场景深深吸引。他们的手指纤细灵活，用小小的工具修复着世界上最细微的故障。同样，电工用烙铁沾着焊锡和松香，在拯救一方小世界时那种专注的神情，也让我对电工崇拜不已。

老家有一家刻章的店，小时候每天上幼儿园我都会路过它。前段时间我正好有刻章需要，发现那家店还在营业，就再次走了进去。店门口坐着一位老人，我确实记不得老人是不是当年的店主，不过看他的岁数，他八九不离十就是我小时候认识的店主。许多刻章店在电脑里设计图案，然后使用激光刻蚀，但这位老人却仍旧用手刻。虽然老人连话都说不清了，但是他专注的神情和精湛的手艺，依然让我深深感动。我突然意识到，这种用心、专注不仅是工匠的态度，更是一种价值观的表现。

无论是在工作还是生活中，我们都应该像这些工匠一样，用心去做每一件事情，追求卓越和完美，追求细节上的极致，从而创造出更加美好的世界。

技术人的执着

很多程序员都有工匠精神。

在评审产品需求时，有些人善于快速提供技术方案，并在最短时间内解决问题。而那些真正的高手，不仅能够最快速地在脑海中形成方案原型，而且能够更深入地考虑各种细节问题，最终给出一个趋于完善的技术方案。他们不仅传递知识，而且将热情和技能注入工作，这种精神来自对职业的尊重和对自我价值的追求。

程序员的职责不仅仅是编写代码，还有通过代码来解决问题，为客户提供价值。因此，追求卓越才能达到客户期望的最高标准。不断学习和探索，尝试新的技术和方法，才能不断提高技艺，成为更好的程序员。

具有工匠精神的程序员不仅对从事的职业有热情，还对卓越有自己的理解和渴求，他们将工作变成了一种生活方式，一种追求完美的态度。

《精通正则表达式》的译者余晟老师曾在他的博客中分享他与正则表达式的缘分——项目经理一句"用 Google 查查正则表达式的资料"，为他打开了正则表达式的大门，他不仅阅读了名著 *Mastering Regular Expressions*，还完成了该书的翻译，如今他已是国内最了解正则表达式的专家之一。

读完那篇博客文章，我不禁想起自己的实习经历。刚进公司两三天，老板就让我研究如何使用 Java 中的 MappedByteBuffer 实现文件内存映射，以读取大文件。虽然当时要处理的文件很大，但基于我在学校编码的经验，我认为使用普通的 Reader 也可以很好地满足需求。

然而，老板不同意我的看法，并反问我："什么叫'没有那么麻烦'，这是一个做技术的人该有的态度吗？"

于是我开始对内存映射这个主题展开详细的研究，从 Linux 到 JVM，深入了解内存映射的底层原理。我还就其他几种读文件的技术进行了性能对比，以便更好地理解内存映射的优点和使用场景。

为了提高技术水平，我主动和同事分享这个话题，和他们一起探讨更多的细节。尽管最终的项目并没有采用我的方案，但是老板的那句反问至今仍然在我的脑海中盘旋。技术人员应该用怎样的态度对待技术呢？这个问题是非常值得思考的。它激励我不断探索和思考，不断了解和学习新技术。

我非常感激实习期间遇到的这位老板，他让我养成了一些良好的职场习惯，如每天清理未读邮件。即使是不需要阅读的邮件，也要把它们标记为已读，不要让未读数字留在那里。这样不仅可以更有效地处理邮件，还可以更快地了解最新的信息和动态。这个习惯也反映了一种力求高效的积极态度和思维模式。

我始终坚信，要想成为一名优秀的技术人员，不仅需要扎实的技术功底，更需要工匠的精神。

完美有多远？我不知道，但我愿意往前多走一步。

回望初衷

大学二年级的时候，在听到端木恒先生的一句话“科技可以通过促进信息流通改变整个世界”之后，我即萌生出一个想法：一定要加入一家技术足够强大，而且对人们的生活有实质影响的公司。

当然，这听起来有些不自量力。但又怎样呢？正如冯大辉所言：“所有人都说你做不成，都告诉你不要去做，都认为你的想法不靠谱，都在嘲讽你，而你最后真的把事情做成了，这就是牛。”

其实，在做成事情之后，结果对自己而言已经不再重要。即使最后事情没做成，甚至所有人都笑你傻，但至少你可以给自己一个交代。

而且，如果年轻人都害怕失败、一心求稳，早早开始考虑养老和退休，那么最终由谁来承担改变世界的责任呢？

发现更好的自己

罗永浩在发布会的最后提出一个问题：在一个完美主义者的眼里，这是一个怎样的世界？

这个社会不缺追求更高生活品质的人，但是，对自己所做的事情坚持高标准且追求卓越的人已经不多见了。现实生活中，大部分人做事的态度都差不多，只是有的人运气好一些，没有因为糊弄造成严重后果。扪心自问，我们是否能在工作中有所坚持？

M·斯科特·派克曾经说过："规避问题和逃避痛苦的趋向，是人类心理疾病的根源。"

许多人把随大流和妥协当作一种"成熟"的标志，而将固执己见的完美主义者视为异类。这真是一个颠倒黑白的世界。

都在做事，但有的人是为了活下去，有的人是为了活得更好，有的人是为了帮助别人活得更好。做事的目的取决于每个人不同的人生阶段和生存情况，也取决于各自的精神寄托和理想信念。

我从不指望去改变别人，但我相信我可以改变自己。不过，改变自己很难，也没有捷径。我的个人经验是，尽量和比你优秀的人一起工作，多请教比你资深的人，不断挑战过去的自己。在这个过程中，你不用焦虑，也不必苛责自己，只要尽量做到比之前的自己好一点点就可以。

细节是魔鬼

一次为同事进行代码审查，某个系统存在大量占用内存的 HTML 字符串，这些字符串的准确长度需要得到统计。为了获得准确的字节，调用了 String.getBytes().length 函数，乍一看这似乎没有什么问题。

不过，需要考虑到 Java 内部使用 UTF-16 编码存储字符串，由于字符串很大，getBytes()会将其转换为系统默认编码（如 GBK 或 UTF-8 等）。在此过程中，底层字符数组必然会被拷贝（请参考 String.getBytes()的源代码验证）。然而，拷贝一个本来就很大的字符串将会占用更多的内存，进而加剧内存空间紧张的问题。

解决方案是改用 String.length() 函数。由于中文在 HTML 中只占非常小的一部分，因此，直接使用 String.length() 虽然会漏掉几个中文字符，但对最终统计结果的影响极其有限，并且这样做不存在任何数组分配的开销。

不过，建议在所有调用 String.getBytes() 的地方都显式地传入编码。这是因为，用 String.length() 代替 getBytes().length 也有潜在的问题——如果未来有人要利用 length 做其他事情，它的不严谨可能会成为一个隐患。

还有一次关于细节的经历，也发生在代码审查的过程中。

在某个调用场景下，每次都需新建一个解析器对象去解析结果。尽管解析器没有任何实例变量，不会产生线程安全问题，且创建解析器对象的开销也并不大，但我还是坚持要将其改成单例。这是因为，使用同一个实例去处理调用更符合面向 GC 编程的思想。

这些场景几乎每天都会遇到，很小的问题可能的确无伤大雅。但追求更优解是一种态度，是一种思维习惯。只有坚持用最高的标准要求自己和自己的工作，才可能渐渐走向卓越。

细节是魔鬼，不注重细节会让人在不知不觉中滑向平庸。

培养工匠精神

我总结了如下十条培养工匠精神的方法，并按照个人经验对优先级进行了排序。

- 和比自己聪明的技术人员一起工作，学习他们编码和工作的方法，观察他们如何处理错误。
- 始终聆听不同资历和职位的人的意见。
- 实践，实践，实践，不要满足于初次成果。
- 经常问自己，我在写什么代码？为什么写成这样？是否有更好的写法？
- 学习多种技术，对它们进行比较，以便了解不同技术的优缺点。

- 提出好的问题，向他人请教。
- 经常回顾自己的经历，检查自己写的程序，以便深刻认识到自己的不足。
- 读编程大师写的好书。
- 不要只坐在计算机前编程，多运动，多到户外走走，与非技术人员交往，向他们学习。
- 把自己的想法分享出来，看看别人的反应，以便从别人的反应中学习。

高质量分享

分享信息并不难，大多数人都能做到。即使是不善言谈、性格内向的技术人员，通过博客等社交媒体或非正式的交流，也能或多或少地参与分享。但如果想要做出质量和高度都很理想的分享，那就没那么容易了。在我看来，好的分享应该具备以下两点特征。

- 保鲜期很长。
- 会被大范围传播。

我们团队每周都会进行技术分享，虽然大多数主题都很有价值，但分享的质量却参差不齐。如何更好地分享信息呢？

首先，可以问问自己，什么样的技术文章最好？我觉得好的技术文章应该具备以下特点。

- 用简单明了的语言解释复杂的问题。例如，我高中时读过 1978 年出版的《从一到无穷大》，它用通俗易懂的语言解释了各种复杂的科学知识。再如《Windows 程序设计》，它从一个 Hello World 程序开始逐步讲解 Windows 下的原生编程。
- 学会通过比较不同的推导过程和解决方案来了解事情的本质。经典之作《Effective C++》就是采用这一方法来全面剖析技术精华的典范。

- 探索原理、思路和方法才能掌握全局。计算机领域的经典图书《UNIX 编程艺术》《设计模式》《深入理解计算机系统》及经典论文“The C10K Problem”无不是帮助程序员掌握计算机技术全局的绝佳资料。

从优秀文章的共性中可以总结出如下一些写好技术分享文章的方法。

- 先描述清楚一个问题。这样能够让受众了解问题的背景，甚至可能让他们提前产生共鸣。千万不要一开始就直接讲解解决方案，这样的分享是在“灌输”或“填鸭”。重要的是把 Why 说清楚，直接谈 What 的技术分享通常价值不大。
- How 比 What 重要。在讲解如何解决问题的时候，先要把问题模型说清楚，有了问题模型这个框架，解决方案才有意义。然后要对不同技术进行比较，这样才能让受众信服。抛开问题描述方案和直接讲解技术细节，其实意义都不大。
- 一定要有对最佳实践或方法论的总结，否则无法达到高水平分享的标准。
- 一定要分享受众需求强烈且容易吸收的重要内容。

可以进一步将分享方法总结为以下几个要点。

- 用问题吸引受众，带着受众一起思考。
- 用问题模型框住受众的思考范围，让受众聚焦。
- 给出几种不同的解决方案，比较它们的优缺点，让受众参与解决问题的过程。
- 提供最佳实践、方法论或套路。有了前面的铺垫，受众会更容易接受这些内容。
- 整个过程能让受众体会到强烈的成长感和收获感。

要做好技术分享，除了方法，分享者应在精神层面注意以下几点。

- 对编程充满热情。热情会激发强烈的钻研精神，而钻研精神是畏难情绪的天敌。
- 学习技术要“知其道，明其理”。为什么 C++有“初始化列表”而 Java 却没有？为什么 Java 没有多重继承？为什么有了 TCP 还要有 UDP？一个事物的哪些部分是好的，哪些部分是不好的，如果我们只了解其表面无从判断，还要了解其内在。只有了解技术的初衷和目的，你才能真正做到“知道”。
- 不犯错误就永远没有经验，要从自己和别人的错误中学习。犯错不可怕，可怕的是不会总结。只有真正摸爬滚打过的人才可能成为强者，有价值的技能和经验往往是用错误换来的。
- 要多回顾过去。了解历史才能明白事物的发展规律，从而看清未来的技术方向。比如，单计算机→Client/Server→中间应用层→多层结构→分布式结构，C→C++→Java，未来的技术方向就藏在过去。
- 质疑精神很重要。也许你的质疑不一定正确，也许你会被质疑，但是你的认知会因为吸收不同的观点而变得完整。观点不同才能迸发出思想火花，事物从而得以发展，世界因此变得精彩。

“我不是为了输赢，我就是认真”并不代表我不在乎输赢。重要的是，只有坚持完美、追求品质和传承美好，才能像一个老工匠一样把专注、极致和情怀融入作品。也许有一天，我们这些认真的人中间就会有一个坚持追寻“梦想”，进而发现了“生活更多的可能性”，最终像乔布斯、贝索斯一样，改变了他们所在的行业，甚至改变了全世界。

我们是被这个时代推上浪潮之巅的人，做一个见证者，还是做一个冲在最前面、不畏失败的先行者，对此每个人都有选择的权利。

只是不要忘记，那些“傻瓜”不是真的不怕死，他们只是认真。

（本文源自王晨纯在酷壳网上的投稿）

附录 B

创业者陈皓

“这是不是最好的时代？从1998年我的职业生涯开始直到现在，这 20 多年就是最好的时代。未来是否更好我不知道，但我没有生不逢时，有幸生在这样一个黄金年代，经历过许多很刺激的事情。”

——陈皓

速览其人

四十余岁的陈皓是不折不扣的老程序员。早年间他毅然决定去大城市闯荡，“叛逆”地从分了房子的国企离职，却撞上互联网泡沫，几乎找不到工作，只能做一些外包的活儿。几年后，工作稍有起色的他又遇到 2008 年的金融危机，与大学毕业时最想去的微软擦肩而过。2010 年，在原公司任总监的他自降年薪 20 万元人民币去亚马逊做一个普通的团队负责人，当时很多人还不知道亚马逊也是一家技术公司。在汤森路透、亚马逊、阿里等公司从事了多年的软件开发工作之后，他自立门户投身创业。他创办的 MegaEase 致力于通过云原生基础设施提供顶级互联网公司的技术架构和基础设施。

从陈皓的整个成长过程可以看出，他并不是一个安分的人，总是在做出格的事情。从银行出来的理由是，他觉得自己学的是正确的专业，遇到了正确的时机，但是却待在了错误的地方。正因为早早就把人生目的设定为去经历最有意思的事情，在软件开发行业摸爬滚打了20年的陈皓，见证了互联网、移动互联网的兴起与繁荣，后来也见证了云原生、基础软件等新技术风口的爆发。亲历多次技术浪潮的机会不可多得。其人其事或许能给众多背景相似的技术人带来一些启发，甚至向我们揭示技术人跟上时代步伐、把握变革机会的一般规律。

闯荡互联网

1998年刚毕业的陈皓找到一份令人羡慕的工作，在中国工商银行云南分行担任技术员，主要负责银行网络、邮件系统和办公自动化系统。没多久他还分到一套房子，年纪轻轻便成为“有房一族”。银行把很多工作都外包给系统集成商，而自己的技术人员只做维护，发挥空间有限。这让待了两年的陈皓觉得工作越来越没有意思。

而此时，体制之外正风起云涌，他每天都能看到当时的IT巨头微软、IBM、Oracle、Sun、Borland等公司的新闻。当时的微软更是业界的标杆，成为很多程序员梦寐以求的归宿。

陈皓想出去闯闯，在辞职信里只写了一句话：“本人对现在的工作毫无兴趣，申请辞职。”银行的处长提出“那分给你的房子就要收回了”。他的回答很干脆——“好的。”

“银行不是我的未来，一套房也不能保障我的未来。”尽管遭到几乎所有亲朋好友的反对，陈皓还是决然离开。

陈皓将闯荡世界的第一站定在上海。然而，在拎着行李箱站在上海火车站的一瞬间，他突然觉得，自己在老家的那些骄傲在如此庞大的城市面前荡然无存。

在上海的第一年并不顺利。当时正值互联网泡沫期间，几乎所有的互联网公司都已经倒闭或趋于倒闭。

第一次面试就让陈皓感受到了极大的挫败感。面试官在半小时内提了很多问题，他一个也答不上来。由于之前没见过大世面，技术能力也跟不上，加上性格内向，他连头都不敢抬，更不知如何应对面试官的提问。接下来的几次面试同样尴尬。

最终，在同学的帮助下，陈皓终于找到在上海的第一份工作，进入给银行做系统集成软件的南天公司。由于技术差，他常常犯低级错误，甚至一些简单的技术问题都不知道如何解决。

陈皓感到很迷茫，开始怀疑自己是否做了错误的决定。但他又不甘心回老家，当时可是顶着所有人的反对出来的，还放弃了一套房子。如果就这样回去，很多人就可以如愿以偿地看他的笑话了。

于是，陈皓决定改变现状。

既然不擅长沟通和交际，就多参加面试来锻炼自己。既然技术不够好，就加强学习、疯狂看书、恶补各种计算机知识。遇到周末或放假，别人大都出去玩，而陈皓则坚持看书、学习。没有自己的电脑，他就让网吧老板装编程软件，别人在打游戏、聊天或看电影，陈皓在写代码。

这样坚持了一年多，加上有计算机专业的基础，陈皓明显感到自己在飞速成长，并且逐渐找到了适合自己的学习方法。他也能在短时间内轻松地解决一些技术难题了。

不过，陈皓开始意识到，自己偏离了“做出有价值的软件”的初衷。在南天公司，他还是在做银行系统那套东西，只不过从甲方变成了乙方。而外包工作本质上仍然是劳动密集型工作，门槛低，技术含量也不高，缺乏开创性和创造力，程序员在其中做的工作大多是代码的堆砌。

认识到做外包工作并不是长久之计的陈皓再次决定离开。

与刚来上海时不同，现在的他已经不再为找工作而发愁。北京的几家公司向他伸出了橄榄枝。2002 年陈皓加入一家做分布式计算平台软件的公司——Platform。

陈皓立志于去最前沿的公司经历最刺激的事情。2010 年互联网行业开始复苏，他得到了加入亚马逊的机会，但亚巴逊提供的职位和工资并不理想。而且当时在汤森路透的工作正做得风生水起，他已经成为公司重点培养的对象。但是，陈皓最终还是降薪降职去了亚马逊工作。“亚马逊是一家很‘奇葩’的公司，卖书都能卖出全世界第一个推荐系统和第一个云平台，我必须去看一下”，他说。

陈皓做选择时在意的不是薪资待遇或职位权力。“24 岁从银行出来的时候，我就知道自己想要什么。”他只要那些有价值的经历，哪怕失败也不会后悔。

后来，因为亚马逊的研发团队整体迁到美国，陈皓又去了阿里，在阿里参与研发的软件产品是聚石塔和阿里云。

后来陈皓回想当年做出的那些选择时承认“曾怀疑和后悔过”。“但那些不顺的经历最终都转化为进入世界顶级 IT 公司从事软件开发的决心。不要轻易认为某种选择是错的，其实这个世界没有对错，关键是知道自己想要什么。困难、坎坷都是暂时的，只要方向选对了，就一定要坚持，并且不断提升自己，让自己变得越来越强。然后当机会到来的时候，一定要紧紧抓住。”

乐在创业中

2015 年是陈皓职业生涯的一个转折点。这一年，39 岁的他真切地感受到“中年危机”，很多意外一股脑地向他涌了过来。

首先是父亲病危。母亲年龄大了，身为家中独子的他需要回老家照顾父亲，这势必耽误工作。之后北京的工作居住证出了问题，孩子上学受到影响。由于压力太大，他的头发在半年时间里白了一半。

经过一番考虑，陈皓辞去阿里的工作，回家照顾父亲。在这段时间里，有不少公司来咨询技术问题，于是他一边照料父亲、解决家务事，一边兼职打“零工”。在这个过程中，他发现很多公司对技术方案的需求都很旺盛，却苦于找不到能够胜任的人才。由于基础设施的缺失，这些公司在业务扩张的时候经常遇到技术上的问题。陈皓马上意识到，这应该是一个可以创业的方向。

但是，此时还有很多公司向他许以高薪和高职位。国内几乎所有的云厂商都来找过他，很多正在高速成长的公司也花重金聘请他。此外，他手里还有几家国外大公司的入职信。如果继续选择职场，他可以过得很好。

然而，陈皓再次“作死”，开始创业。

“互联网的成功引发新一轮的数字化转型，我当时清晰地感受到这个趋势”。陈皓认为“新一轮数字化转型表面上是互联网化，本质上其实是从企业驱动转向用户驱动，这个转变过程必然需要做用户营销。企业在用户侧有三个核心需求：高可用、高并发和分布式。而这些需求，只有云原生的应用才能够满足”，他果断做出决定——“云原生正在成为发展趋势，因此我走上了这条路”。

2016 年年底，MegaEase 成立。这个没有办公室的远程团队，致力于打造云原生基础设施的服务架构，主要解决高并发和高可用的问题。

不过创业之路并没有陈皓最初想象的那么轻松。

一开始他并不想寻求投资，坚信可以靠团队的服务能力自给自足。这份自信来自于两个较大的订单——为两家公司做技术架构的服务，加起来有 1000 多万元人民币。按理说靠这两单足以白手起家，但其中一家公司在付了 50 万元人民币的定金后就倒闭了，另外一家公司也只付了 50 万元人民币的定金就因为后续资金没到位且觉得项目太耗钱而终止了合作——两个订单都停摆了。

没办法，陈皓只好自掏腰包给团队发工资。这还不是最要紧的，关键是他把这些人“忽悠”来，现在却没法给他们一个交代。有 20 多天，陈皓成宿睡不着觉。

后来，饿了么公司的天使轮投资送来及时雨，帮助陈皓渡过难关。这不仅是雪中送炭，也是投桃报李。陈皓在“打零工”期间帮助饿了么技术团队解决了很多难题，通过异地多活的方案撑住了全网的外卖订单。

创业维艰，2016 年股灾，2018 年互联网并购潮及 P2P 爆雷，2019 年中美贸易摩擦，2020 年新冠疫情，2021 年全球经济继续恶化……在这样的背景下创业无异于“作死”。陈皓也知道打工更轻松，但他觉得创业更有趣。

打工的时候人被封闭在格子间里，只关心自己的一亩三分地，是创业让陈皓知道了商业世界如何运作。创业者必须知道钱是怎么挣的，用户到底是怎么想的。想把产品销售出去必须进入用户的场景，还要深入垂直行业，而这也是创业的有趣之处。

在创业的这四五年里，陈皓每天都能发现知识的更新和迭代。由于需要考虑从营收到产品，再到团队建设、外部合作等方方面面的事情，他每天都在被动提升，他的眼界和思维早已今非昔比。

虽然充满挑战，陈皓还是觉得自己应该早点开始创业——“如果我在 30 岁时就知道创业这么有趣，或许早就成功了。时间有限，又想尽可能尝试新事物，现在只能把每一天都当成人生的最后一天来充分利用。”

践行远程办公

三年疫情让远程办公流行起来。然而，2016 年国内完全采用远程办公的公司还很少。在传统观念中，上班必须有一个办公室，有很多人出来进去才像一个企业。但从成立第一天起，MegaEase 团队就全面接纳远程办公，目前团队二十多人分布在全国多个城市。实践证明，无论是在项目文档提交、设计和代码评审上，还是自动化流程设置上，抑或是远程工具的支持上，远程办公的效率和工作质量都更高。

但当时 MegaEase 需要面对很多质疑。投资人感到困惑，家属甚至怀疑员工加入了传销组织，为此团队内部少不了争论。为了说服其他人，陈皓用 Linux 开源操作系统的例子来证明远程工作文化同样可以孕育伟大的软件。尽管经常遭受非议，但他还是笃信自己的选择。选择少有人走的路，是人生的意义之一。

陈皓反对加班文化，主张员工自我管理。他不关心员工花在工作上的时间有多少，只关心员工交付的工作是否有价值和意义。对于内卷，他的看法是：员工会遇到职业天花板和来自领导的压力，如果看不到上升通道就会陷入比谁加班多的恶性循环；打破内卷在根本上还是要靠自我突破。

花开云原生

逃离内卷的一条出路就是创业。从打工走向创业，陈皓提出三个关键前提。

- 创业者在擅长的领域有核心竞争力。
- 创业者擅长的领域正好与时代的发展方向一致。
- 创业的时间点正好在热点快速爆发的前夜。

如果这三个前提同时具备，就没必要再继续打工。对应这三个标准，陈皓选中了云原生的风口。当外界热炒云原生的时候，MegaEase已经完成技术积累，开始筹备规模化生产。

未来企业逐步走向云原生应用和服务已是大势所趋。在 Cloud 1.0 阶段，资源是主要视角，厂商都在卖服务器、卖带宽、卖存储，也卖一些关键的中间件。而到了云原生阶段，微服务架构、容器化、API 将成为主流，应用和服务成为云计算的焦点。

在云原生的世界里，应用天生就基于云的架构，天生就是云原生的资源，所有软件都将用云原生的方式来编写。

最近几年，国内云原生的市场规模在不断扩大。2019 年很多人还不知道什么是云原生，但其市场规模已达 350.2 亿元人民币。到 2020 年，中国大约有 27 万家公司使用了云计算，总计投入约 3000 亿元人民币。

陈皓发现，企业应用和云原生已经具备落地条件，即便在诸如 HR 系统这样的垂直领域，一些甲方公司也开始要求采用云原生，政府部门也在要求应用系统须具备云原生的基础设施。这说明，云原生的重要性已经逐步上升到国家战略层面。

但是，在云原生落地的早期阶段，企业还面临着不少挑战，比如人才缺乏、技术繁杂且门槛高、企业面对的选择太多，以及需要顶层架构及其设计所需的基础规范。

MegaEase 的目标是降低实践门槛，让更多企业拥抱云原生。在创办四五年后，MegaEase 经历了概念验证阶段和大客户服务阶段，现在正在迈向第三个发展阶段——规模化阶段，该阶段立足于降低成本，让更多用户能够使用云原生产品。

在新冠疫情期间，许多公司的网络流量支出增加了，同时它们对降低流量使用成本的需求也在增加。这让陈皓意识到，服务仅仅做到高可用、高并发、快速迭代还不够，还要做到低成本，而低成本意味着可以更好地实现规模化。

为此，MegaEase 团队研发出一款迭代速度更快、更便宜、更适合规模化的产品——Easegress（云原生流量调度服务）。2021 年 6 月 Easegress 正式开源，陈皓还计划将其捐赠给 CNCF 基金会。

守望国产基础软件

2016 年曾有业界人士慨叹“基础软件已死”。几年后，随着云原生的普及，基础软件开始崛起。近年来，国内基础软件在新基建政策和中美贸易摩擦等多重因素的影响下快速发展，在创投领域掀起热潮。例如，京东、中兴、华为、蚂蚁金服等厂商在数据库方向持续加大研发力度，风险投资机构的关注点也从应用层转向基础软件，有多家数字基础设施厂商实现了逆势融资。

然而，国产基础软件要实现突围，现阶段还存在诸多挑战。由于中国 IT 技术相对落后，尤其是在操作系统、中间件、内核软件、数据库等底层技术上与国外存在很大差距，做基础开发的中国公司比较少，真正走向全球的顶级基础软件少之又少。对此陈皓有自己的见解。

一方面，国内基础软件厂商没有融入全球技术文化。

中国也有基金会，但 Apache、CNCF 这样的顶级开源组织还比较少，重量级的开源项目更不多见。在工程方面，国内的开源项目还不够精细严谨，项目文档的国际化也做得不好。

技术的诞生离不开客户的资金支持。在中国，很多甲方公司不尊重技术，只是追求速度和成本优势，付费前往往要追加很多需求。在国外，甲方公司相对尊重技术，技术人员和技术公司能获得大量资金支持，客户订单大多是预付费的。

中国是技术应用的大国，企业擅长通过应用各种技术来实现业务系统。基础软件的研究通常需要时间和金钱的海量投入，而国内愿意不计成本地做基础研究的公司很少。对于创业公司来说，在技术和商业之间取得平衡是极其困难的。国外大公司更愿意在底层技术上投入，旨在以此构建竞争壁垒，而国内大公司则更注重流量的获取和技术的商业应用。陈皓认为，国内大公司应该在基础软件研发上承担更多责任。

另一方面，中国创投界长期青睐面向风险投资（To Venture Capital，To VC）模式，资本的耐心不足。

投资人经常提及“速度”的问题，觉得 MegaEase 的发展太慢了。对此陈皓的回应是，“我能理解投资人想快速退出的心态，但技术的成长有特定的规律，几乎所有技术创业项目的成长都非常缓慢。技术研发类似十月怀胎，一个纯技术组件一般至少需要四到五年才能呈现出产品雏形，在这之前无法实现商业化。发展过快未必是好事，一两年内就进行商业化，缺少了技术体验的过程，公司最后会变成外包公司。”

随着互联网和移动互联网红利的逐渐消退，资本从赚快钱的 To C 模式转向 To B 模式，而 To B 本来做的就是慢生意。对纯技术，尤其是国产基础软件，创业者和资本都要有更多耐心。

创业者陈皓，痛并快乐着，妥协并对抗着，奔跑并等待着。

（本文源自 infoQ 刘燕对陈皓的采访稿）